高新纺织材料研究与应用丛书

U0161640

高中空萝藦绒生物质纤维及其高值化利用研究

王宗乾　著

中国纺织出版社有限公司

内 容 提 要

本书系统研究了萝藦绒纤维的化学组成和结构特征，基于其独特的表面和结构属性，系统阐述了该纤维在吸油、油水分离领域的应用性能和相关科学问题。采用活化炭化工艺制备萝藦绒活性炭纤维，拓展了该纤维在环境净化、储能、电化学等领域的应用潜能。

本书可为生物质材料科研工作者提供借鉴和参考，为生物质原生纤维的深加工和高值化再利用提供有效借鉴，具有重要的学术和实用价值。

图书在版编目（CIP）数据

高中空萝藦绒生物质纤维及其高值化利用研究 / 王宗乾著. -- 北京：中国纺织出版社有限公司，2022.10
（高新纺织材料研究与应用丛书）
ISBN 978-7-5180-9893-4

Ⅰ. ①高… Ⅱ. ①王… Ⅲ. ①萝藦科－植物纤维－研究 Ⅳ. ①TS102.2

中国版本图书馆 CIP 数据核字（2022）第 188527 号

责任编辑：沈　靖　　责任校对：王蕙莹　　责任印制：王艳丽

中国纺织出版社有限公司出版发行
地址：北京市朝阳区百子湾东里A407号楼　邮政编码：100124
销售电话：010—67004422　传真：010—87155801
http://www.c-textilep.com
中国纺织出版社天猫旗舰店
官方微博 http://weibo.com/2119887771
天津千鹤文化传播有限公司印刷　各地新华书店经销
2022年10月第1版第1次印刷
开本：710×1000　1/16　印张：8.25
字数：156千字　定价：98元

前　言

　　萝藦绒（Mj-fibers）是我国特色中草药萝藦植物的种子绒毛纤维，具有高中空异形结构特征，且资源丰富；但因其不含药用活性成分，被视为低值伴生物，尚未加以利用。本书首次系统介绍了萝藦绒纤维及其活性炭纤维的制备，并对其各自结构与吸附性能做了基础性研究。本研究可为生物质原生纤维的深加工和高值化再利用提供有效借鉴，具有重要的学术和实用价值。

　　（1）萝藦绒纤维的系统表征。系统测定萝藦绒纤维的化学组成及含量，对其微观结构、表面化学结构、聚集态结构和热稳定性进行全面测试与表征。实验结果表明，萝藦绒纤维是一种以纤维素和半纤维素为主的天然纤维，具有高度中空（＞90%）和截面异形（"十字花"形）的结构特征，其力学性能较差，但具有超轻、蓬松特性，密度可达0.33g/cm^3；此外，纤维表面富含蜡质，使其具有优异的亲油疏水性，与纯水静态接触角为105.4°。

　　（2）萝藦绒纤维的吸油及油水分离性能。基于萝藦绒纤维中空疏水特性，将其应用于吸油和油水分离领域，系统分析纤维对不同油剂的静态吸油性能、保油性能及重复使用性能，同时构建纤维过滤体系以探究其油水分离能力。实验结果表明，萝藦绒纤维与不同油剂静态接触角均为0°，纤维间隙及其中空结构特性使其对植物油、机油和柴油油剂饱和吸附倍率分别高达81.52g/g、77.62g/g和57.22g/g，满足准二级动力学方程，12h重力沥干后保油率仍分别达79.1%、75.4%和72.0%，经8次循环使用后吸油倍率分别下降23.4%、22.2%和20.7%；此外，萝藦绒纤维具有优异的油水分离性能，经4次过滤后分离效率可达98%。

　　（3）萝藦绒活性炭纤维（MACFs）的制备与表征。以萝藦绒为原料，采用NaOH去除纤维表面的蜡质，而后采用高渗性复配磷酸活化液处理萝藦绒纤维，最终经过预氧化、炭化等工序制备出萝藦绒活性炭纤维。采用扫描电子显微镜（SEM）及能谱仪（EDS）观察发现，制备的MACFs呈中空管状，内外表面明显刻蚀，研磨后呈"积炭状"，表面分布有N、P和O元素；光谱分析结果进一步表明，MACFs表面富含酸性官能团，亲水性好，并具有无序的类石墨微晶化结构。此外，采用比表面积和孔径（BET-BJH）方法对炭纤维进行分析，发现MACF-600性能最优，其比表面积和孔容分别达1799.582m²/g 和 1.613cm³/g，并具有发达的介孔结构。

（4）萝藦绒活性炭纤维的亚甲基蓝吸附性能。以亚甲基蓝（MB）溶液模拟染料废液，考察不同MACFs的吸附性能，并分析其对亚甲基蓝的吸附性能及吸附机制。实验结果表明，MACF-600具有最佳吸附性能，其吸附过程符合准二级动力学方程，吸附等温线符合Langmuir模型，以物理吸附为主，理论饱和吸附量达943.372mg/g；热力学分析结果表明，吸附吉布斯自由能$\Delta G^0 < 0$，吸附焓变$\Delta H^0 > 0$，表明吸附为自发过程，与温度直接相关；染液pH的降低及电解质浓度的升高均会降低炭纤维表面负电势，从而抑制MACFs对亚甲基蓝的吸附；此外，MACFs对于高浓度亚甲基蓝废液具有优异的动态过滤性能。

综上所述，萝藦绒纤维自身具有的高中空、纵向异形、端部开口、表面疏水等特征，赋予其高效的吸油和油水分离性能；基于磷酸活化热处理制备的活性炭纤维具有高中空、双表面结构特征，形成了发达介孔结构，用于亚甲基蓝的吸附时表现出优异性能。本研究为油污及染料废水的治理提供了新方案，同时还拓宽了高性能生物质活性炭纤维的前驱体来源，也对萝藦绒纤维的高值化利用具有重要意义。

研究生王邓峰、杨海伟、李禹等参与了本书的撰写，在此一并表示感谢。同时感谢安徽省生态纺织印染创新中心为本研究提供的实验条件和经费支持。

王宗乾

2022年4月

目　录

第1章 绪论

1.1 引言

人类的工业化进程伴随着大量石化资源的消耗，直接导致了石化资源的不足及环境的污染。经历20世纪70年代爆发的能源危机后，国外开始对生物质资源的基础结构、降解再生性及生化改造性等进行研究，这为生物质资源的开发利用奠定了基础。20世纪80年代以来，随着我国工业经济的快速发展，我国对石化资源的消耗日益增加。为缓解资源紧缺所带来的压力，针对生物质材料加工技术的研究也随之开展。

21世纪以来，生物质材料在我国迎来巨大发展。2014年，在中华人民共和国国家发展和改革委员会及财政部的联合支持下，生物基材料重大专项得以启动，以推动生物质材料发展；2016年，生物基材料作为战略新兴产业被纳入国家发展战略《中国制造2025》，此项举措大大推动了生物质材料在我国的发展。农林废弃资源是重要的生物质原料，传统的燃烧以及饲料化处理的应用方式效率低，经济效益不明显，并容易造成二次污染。因此，推动生物质材料资源化技术发展，制备高附加值生物质材料具有巨大的现实意义[1]。

在纺织领域，人类对于生物质材料的开发和应用最早可以追溯到数千年前。早期，人类就开始利用蚕丝、棉、麻等纤维织造加工系列纺织品。近年来，随着生物质材料溶解及加工技术的发展，以及学科交叉的日益深入，纺织领域对于生物质材料的应用已不局限于传统织造，研究人员已经开始利用生物质资源制备出再生纤维、纳米纤维膜、气凝胶、水凝胶和生物炭等新兴材料，进一步推动纺织材料在医疗防护、智能可穿戴、组织支架、结构复合材料和环境净化等多个领域应用[2]。

萝藦绒是一种重要的农林生物质资源，因缺乏关注而造成大量废弃，同时，由于没有系统性的研究导致了萝藦绒资源化利用方向难以确定。基于此，本研究首先以确定萝藦绒"资源化利用方向"为核心点展开，并通过已刊文献调查，明确生物质材料发展方向及意义，为萝藦绒高值化开发形式的确定提供借鉴。随之，本研究通过对现有文献资料进行综述，并展开前期研究进行分析论证，发现萝藦绒具有高度中空这一显著结构特征，该特征赋予萝藦绒轻质、蓬松特性，从而使萝藦绒纤维拥有更高的比表面积，具有开发成为高性能天然吸附材料的重要潜力。

众所周知，纺织工业的加工过程中伴随着大量的废水排放，包括各种浆料废水、印染废水以及纺织品整理加工废水等，其中印染废水排放量约达工业废水总排放量的80%。据报道，世界上有超过10万种不同的商用染料和颜料，产量约达7×10^5t，在染色过程中，约有20%的染料会随着染料废液排放到自然环境中[3-4]，同时，染料废液中含有大量盐离子、油脂及表面活性剂等多种化学成分，为后期污水治理带来极大难题，并对生态环境造成严重的破坏。随着环保标准日益严苛，纺织废水的高效治理迫在眉睫。大量研究证实，功能吸附材料对于上述污染物吸附具有便捷性和高效性，其中利用天然纤维吸附多种油剂已被证实初有成效，进一步利用天然纤维制备活性炭纤维（ACFs）可以实现染料、重金属离子、酚类物质等多种有机污染物的高效吸附。有鉴于此，本文将萝藦绒资源化与纺织废水净化进行有机结合，并立足于萝藦绒中空结构特征，开发高效的生物基功能吸附材料。具体研究思路如下。

本研究首先针对萝藦绒成分、微观结构及相关物理化学性质展开系统分析，为后续工艺选择及参数设定奠定基础；其次，探究天然萝藦绒对不同油剂的吸附性能及油水分离应用性能，阐明其吸油机制；再次，以萝藦绒为原料，探究萝藦绒活性炭纤维（MACFs）制备工艺，通过对MACFs进行表征，分析活化剂、炭化温度等条件对炭纤维性能的影响规律；最后，将制备MACFs应用于亚甲基蓝吸附，分别进行静态和动态吸附测试，并着重从吸附动力学、热力学以及吸附模型三个方面展开研究，阐明MACFs对亚甲基蓝的吸附机制。此外，本研究构建动态过滤装置，探究MACFs的高效过滤性能。本研究通过对新型萝藦绒纤维进行系统研究，并基于原料特性开发高效功能吸附材料，以期实现萝藦绒纤维的高值化利用，为水体污染提供有效的解决方案。

1.2　生物质资源研究现状

目前，全球的生物质资源储量极为丰富且分布非常广泛。据估算，仅通过植物的光合作用产生的生物质原料便达到1000亿～2000亿吨，其中，林业资源是生物质资源的主要形式。通过对废弃林业资源进行收集加工，制成能源及化工产品，可以有效地缓解石化能源的不足，减少环境污染[5]。如图1-1所示，由于生物质资源具有环境友好性、可生物降解性以及资源丰富性，其应用性研究已渗入多个学科领域，多学科、多领域交叉促使生物质材料迎来飞跃式发展。

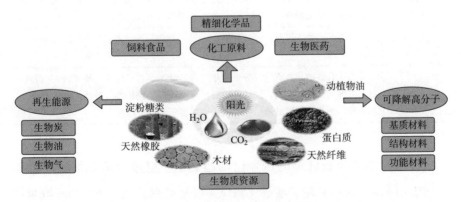

图1-1　生物质原料及其应用领域

目前，生物质材料形式多样，如生物炭、静电纺膜、气凝胶、水凝胶等，大大拓展了其在不同领域的应用。因此，本部分对生物质资源研究现状进行分析，为萝藦绒资源化提供多种参考，丰富萝藦绒应用形式。

1.2.1 生物质纤维研究现状

生物质纤维包括生物质原生纤维、生物质再生纤维和生物质合成纤维三类。生物质纤维的分类见表1-1。其中生物质原生纤维作为纺织工业重要原料，其应用历史悠久，相关技术成熟。此外，研究人员对于生物质原生纤维的开发已不满足于仅作为纺织纤维，而向着功能化方向发展[6]。以木棉为例，中空木棉纤维由于轻质、蓬松结构特性已在保暖填料、吸音吸波材料、浮力材料及吸附材料等领域得以应用。进一步地，东华大学王府梅课题组[7]基于木棉蜡质的疏水特性展开吸油性能研究，发现木棉是目前吸油性能最为优越的天然吸油纤维。值得注意的是，并非所有的生物质原生纤维都具有上述功能化加工的潜力，其前提为生物质原生纤维具有中空异形等结构特性及特殊的物理化学性质。

表 1-1　生物质纤维的分类

类别	定义	代表纤维
生物质原生纤维	用自然界的天然动植物纤维经物理方法处理加工成的纤维	棉、麻、羊毛、蚕丝、蜘蛛丝、木棉等
生物质再生纤维	以天然聚合物为原料，经过化学方法制成的纤维	黏胶纤维、铜氨纤维、Lyocell 纤维、竹浆纤维、甲壳素纤维等
生物质合成纤维	将人工合成的、具有适宜分子量并具有可溶性的线性聚合物，经纺丝成型后处理而制得的化学纤维	聚对苯二甲酸丙二酯（PPT）纤维、聚羟基脂肪酸酯（PHA）纤维、聚乳酸（PLA）纤维

针对生物质合成纤维的研究已渐趋成熟，以聚对苯二甲酸丙二酯（PPT）纤维、聚羟基脂肪酸酯（PHA）纤维和聚乳酸（PLA）纤维为代表的生物质合成纤维已经实现功能化。而当前，研究人员正积极推动聚乳酸纤维产业化，因其良好的力学性能和生物相容性而被广泛应用于组织支架、手术缝合线、医用非织造布等医疗卫生领域[8]。

"绿色离子液体"溶解技术的提升，大大促进了生物质再生纤维的发展。21世纪初，Rogers等[9]首次提出采用离子溶液对纤维素材料进行溶解，其溶解机理如图1-2所示，其中离子液体中的带电基团发挥着重要作用，它可以有效地破坏纤维素大分子间的氢键，从而完成纤维素溶解[10]。尽管离子溶液溶解具有高效性，但目前离子溶液普遍存在成本高的缺陷，难以实现工业化大规模应用。随后，张莉娜课题组首创低温碱/脲体系的纤维素溶解工艺，突破了离子溶液高昂溶解成本的限制，其工艺主要通过NaOH水合物与纤维素链形成氢键配体，以尿素水合物为壳包裹在NaOH—纤维素链周围，形成管状结构的包合物（IC），从而使纤维素溶解，这为纤维素基再生材料的发展奠定了基础[11]，如图1-3所示。此外，上述溶解技术的发展为湿法纺丝及静电纺丝制备高性能生物质再生纤维提供了新的契机。张俐娜和傅强等[12]采用湿法纺丝，以植酸溶液为凝固浴，通过多级牵伸制备再生纤维素丝，其干、湿强力分别达3.5cN/dtex和2.5cN/dtex，其干、湿强力远高于黏胶纤维；Dizge等[13]通过对纤维素溶解提取纳米纤维素，并基于静电纺机制制备纳米纤维素膜，通过表面疏水改性可应用于油剂吸附。

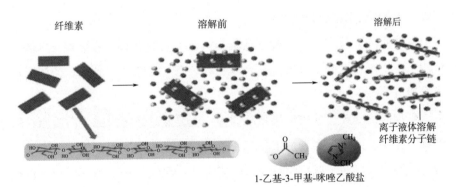

纤维素　　　　溶解前　　　　溶解后

离子液体溶解纤维素分子链

1-乙基-3-甲基-咪唑乙酸盐

图1-2　纤维素在离子溶液中的溶解机理[10]

综上所述，生物质纤维的发展给予萝藦绒生物质纤维高值化利用重要启示，基于萝藦绒中空结构功能化加工以及以其为原料进行再生加工是其高值化利用可选方案之一。

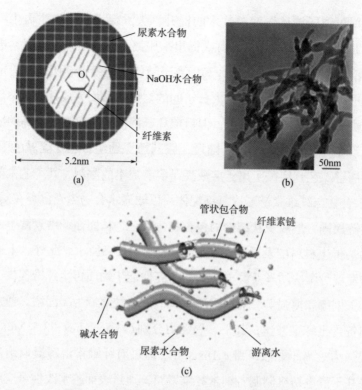

尿素水合物

NaOH水合物

纤维素

O

5.2nm

(a)

50nm

(b)

管状包合物

纤维素链

碱水合物

尿素水合物

游离水

(c)

图1-3　纤维素在 NaOH/ 尿素中的溶解机理 [12]

1.2.2　生物质气凝胶研究现状

生物质气凝胶主要包括纤维素基和蛋白基气凝胶等，为空间三维网络结构。由于富含微纳米尺度微孔，该材料具有高孔隙率、高比表面积以及优异通透性等特性。

生物质气凝胶目前以纤维素基为主，主要经过纤维素或蛋白质原料的溶解、提取及再生等系列加工过程，并通过溶胶—凝胶等工艺制备而成，具有结构连续、易于调控的特征。作为全新一代气凝胶，同无机和有机聚合物气凝胶相比，生物质气凝胶保留了良好的力学性能和多孔结构特性，同时其生物质成分赋予材料优异的可降解性和生物相容性，拓展了其在组织工程、医疗卫生等领域的应用[14]。值得注意的是，研究人员发现，采用无机强酸从纤维素中提取具有高拉伸强度、高模量和高比表面积的纳米纤维素，是重要的纤维素基气凝胶原料，可显著提升其力学性能。Zheng等[15]基于高力学性能环保气凝胶开发需求，将纳米纤维素晶（NCC）嵌入纤维素气凝胶基体中，从而发挥增强补强作用，有效提升复合气凝胶的力学性能，其压缩模量约可达纯纤维素气凝胶的6倍。而后，采用疏水剂对其进行处理，使增强气凝胶表面形成疏水膜，从而实现快速吸油及油水分离（图1-4）。

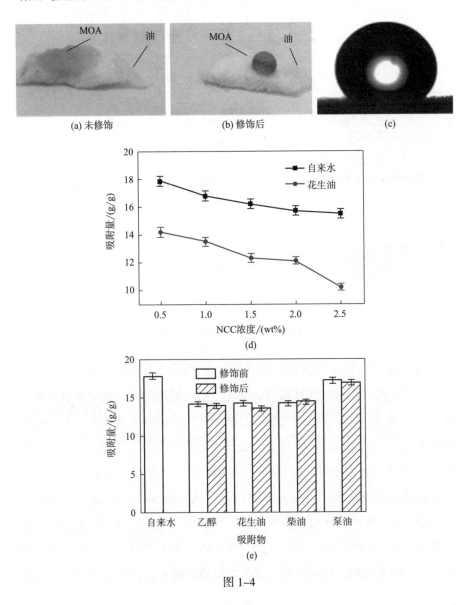

(a) 未修饰　　　　　　(b) 修饰后　　　　　　(c)

(d)

(e)

图1-4

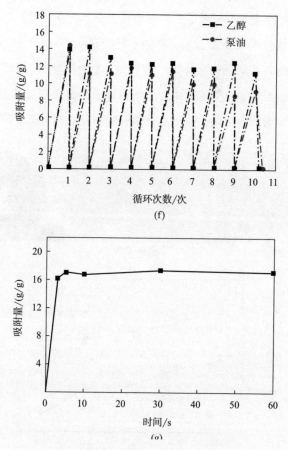

图1-4 纤维素基气凝胶吸油性能[15]

随着3D打印技术的兴起，将其应用于气凝胶的制备受到研究人员的广泛关注。该方法通过计算机辅助设计，结合凝胶配方和加工参数调整以优化打印过程，从而完成对气凝胶形状和结构的控制，其技术对于气凝胶在组织支架领域的应用具有重要意义[16]。如图1-5所示，Li等[17]研究人员以纳米纤维素晶为原料，采用3D打印方法制取具有双孔结构的气凝胶。该方法所制备气凝胶孔隙结构的平均尺寸为600μm，而孔隙尺寸范围为20~800μm。此外，3D打印技术具有宏观结构可控性，可根据需求设计并制备多元化气凝胶外形，如八角形、立方体、金字塔形、六角形、鼻子模型、耳朵模型和蜂窝状图案等。多孔支架结构便于营养和氧气运输，从而

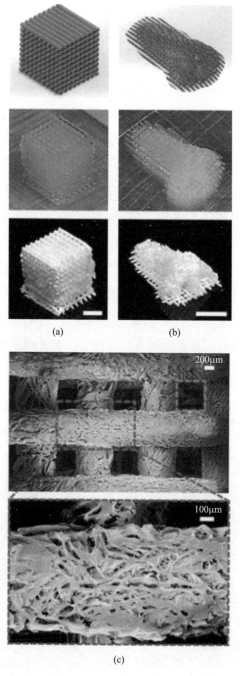

(a)　　　　　　　(b)

(c)

图 1-5　具有不同宏观结构的 3D 打印气凝胶[17]

促进细胞在整个结构中的增殖，这将有利于上述气凝胶组件在人体组织中的应用。

近年来，纤维素基炭气凝胶是纤维素基气凝胶新兴的研究发展方向，它主要以纤维素基气凝胶为前驱体通过活化炭化赋予气凝胶各项功能。通过对纤维素基气凝胶炭化，制备生物基炭气凝胶可显著提升其疏水性、导电性，拓展应用领域，并弥补合成高分子基及无机气凝胶前驱体成本高、技术复杂、难以再生的缺点[18]。如图1-6所示，Zhang等[19]从植物叶片中提取纤维素制备纤维素基气凝胶，通过对其进行炭化处理制备生物基炭气凝胶，所制备炭气凝胶不仅保留了高弹性、低密度等气凝胶结构特点，而且具有超疏水特性。此外，该研究同时指出，将植物纤维素掺入气凝胶中可显著提升气凝胶的力学性能，大大增加了炭气凝胶的重复利用率及耐久性。除此之外，针对纤维素基炭气凝胶的研究不仅朝着高性能方向发展，其制备原料也日趋多元化，如杨絮[20]、棉花[21]、竹子[22]等大量农林生物质资源被作为生物基炭气凝胶原料而广泛开发，在油剂及重金属离子吸附、导电传感等领域发挥重要作用。

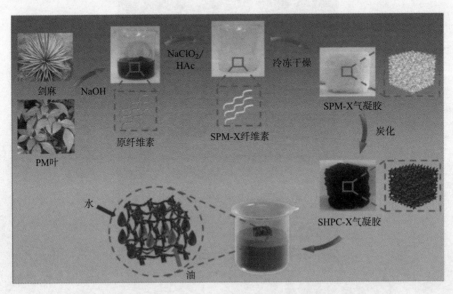

图1-6　生物基炭气凝胶的制造示意图[19]

综上所述，针对生物质纤维素基气凝胶的研究已广泛而深入，主要表现在以下几方面。

（1）基于各种农林废弃纤维资源的研究极大地丰富了原料种类。

（2）制备技术丰富多样，气凝胶宏观及微观结构在一定程度上可调可控。

（3）所制备生物基气凝胶性能优越，应用领域广泛。

因此，开展生物质基气凝胶有利于农林废弃资源高值化利用。值得指出是，基于纤维素基气凝胶研究尚处于实验室和中试阶段，工业化加工仍面临技术复杂、成本高昂等壁垒。

1.2.3 生物质水凝胶研究现状

水凝胶空间结构上同气凝胶类似，是一种具有空间网络结构的三维材料，一般由高分子材料通过物理交联或化学交联方法构成。由于水凝胶多孔结构具有良好的亲水性，因此对水拥有较高的吸附容量，在水中可迅速溶胀并保有原来结构。除此之外，水凝胶材料具有极好的生物相容性和离子传送能力，从而被广泛运用于仿生材料和人造组织等医学领域[23]。目前，生物质基水凝胶的制备原料广泛而丰富，包括生物蛋白质、纤维素、半纤维素、壳聚糖、海藻酸钠等，不同原料制备的水凝胶结构性能各异，可满足不同领域的应用。Kadolawa等[24]采用离子溶液对纤维素进行溶解，在室温条件静置一周后，初步制得纤维素基水凝胶，其具有较好的韧性；Yang等[25]从桉木中大量提取半纤维素成分作为水凝胶原料，并以2,2-二甲氧基-2-苯基苯乙酮（DMPA）为光引发剂，采用紫外光引发法使提取出的半纤维素与N-异丙基丙烯酰胺（NIPAAm）进行反应，最终制取了温敏型水凝胶，可对温度变化做出响应，在智能医用材料领域具有良好的应用潜力。

近来，纳米纤维素基水凝胶因其良好的力学稳定性而逐渐受到研究人员的关注，而可控的宏观及微观形貌进一步拓展了其应用性能，目前在发达国家已发展到商业化阶段，相关产品也被大量开发[26-27]，如图1-7所示。

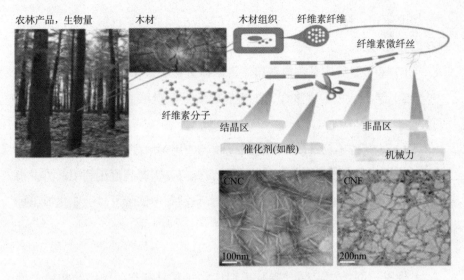

图1-7 纳米纤维素基水凝胶制备[26]

目前，生物质基水凝胶的研究主要朝着两个方向开展，即功能化方向和智能化方向。基于不同实际需要开发多功能和智能水凝胶已成为研究人员的共识，如环境敏感型、自修复型及电传感型生物质基气凝胶在组织支架[28]、仿生结构[29]、离子吸附[30]、药物缓释[31]、伤口敷料[32]等方向广泛应用，如图1-8所示。

1.2.4 生物质材料研究现状

天然农林资源因富含碳元素，是制备碳材料的重要来源。人类使用生物质炭材料的历史已久，早期生物炭材料一般通过高温分解方式制得，原料利用率低，功能性差。随着研究人员对炭材料结构与性能研究的深入，新型功能化生物质炭材料的制备工艺不断被开发，目前主要包括以下三种制备方法。

（1）活化法。活化法是目前最为常见的生物质炭制备方法，根据活化剂种类不同，分为物理活化法和化学活化法两类。其中，物理活化法是通过对原料进行高温处理后，利用水蒸气、二氧化碳等进行缓慢刻蚀从而制备炭材料；而化学活化法一般先采用磷酸、金属盐、KOH等化学试剂对前驱体进行活化处理，然后在高温真空、氮气或惰性气体氛围下炭化[33]。

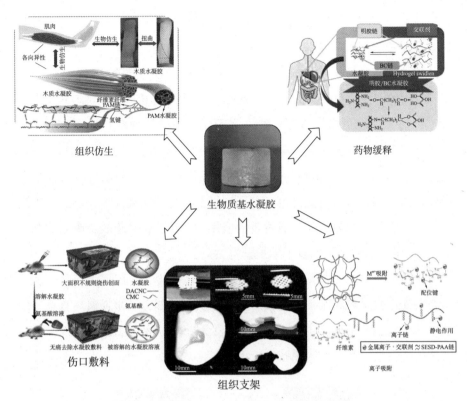

图 1-8 生物质基水凝胶主要应用领域[27-32]

相较而言，由于化学活化法具有节能省时的优势，且制备的炭材料具有更为发达的孔隙结构，因此其应用更为广泛。但化学活化剂的使用也导致成本的增加和环境的污染，因此低成本绿色化学活化剂的开发是研究重点。Jiang等[34]以黄豆、小麦、香蒲绒、柳絮等生物质资源为原料，采用化学活化法制备一系列生物质炭材料，拓展了生物质原料对于炭材料的应用。

（2）水热法。水热法制备活性炭的方法也较为普遍，其做法通常是将生物质原料与水以一定配比混合，并封闭于高压容器中，在一定温度和压力条件下生成富碳产物。水热炭化处理得到的产物具有很多内在的优势，如尺寸均一、形貌规则且具有良好的物理化学稳定性等。由于原料在高温条件下与水分子反应，使得制备的炭材料表面还富含大量的含氧官能团[35]。

（3）模板法。模板法是以生物质的含碳小分子为原料，使其在预备的多孔模板上聚合固化，并在炭化后去除模板以获取生物质炭材料。模板法的优势在于通过模板控制进而控制生物质炭材料的结构，对于生物质炭材料结构的调控具有重要意义，但该工艺工序繁杂，模板制备消耗较大[36]。

目前，生物质炭材料形貌趋于多元化，包括纤维状、片状、球状和管状等，且不同制备工艺下生物质炭材料的力学性能、孔隙结构和化学性质差异明显。ACFs是生物质炭材料的重要形式，特殊的制备方法使其具有发达的孔隙结构、直接性更好的孔型以及极高的比表面积，因此在吸附领域、储能领域和催化领域有着重要应用[37]。此外，基于农林废弃物制备ACFs，已成为该材料发展的新趋势[38]。

生物质炭材料发展前景广阔。陈忠伟团队[39]以CO_2捕捉为导向，综述了系列先进炭材料的制备工艺，对生物质炭材料制备技术发展具有重要借鉴价值，如图1-9所示。因此，以应用性为导向，通过工艺和结构设计可实现生物质炭材料在不同领域的应用。

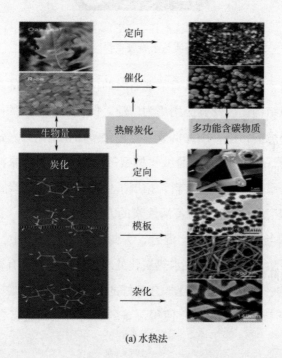

(a) 水热法

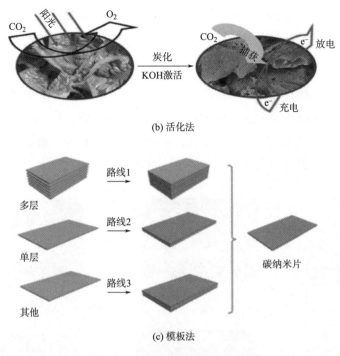

(b) 活化法

(c) 模板法

图 1-9　生物质炭主要制备技术 [39]

1.3　萝藦绒及其高值化利用概述

基于上述生物基材料的发展现状分析，本阶段通过查阅已有文献资料及本课题组前期相关研究对萝藦绒的研究现状展开概述，以发掘该纤维材料可利用的结构特征及性能特征，通过与已有的生物基材料进行对比分析以明确其最优的资源化利用方向。

1.3.1　萝藦绒简介

萝藦（Metaplexis japonica），属于夹桃科萝藦属，生长于温带、亚热带及热带地区，在中国，除西北地区外，均有分布，其中以中南部地区尤为常见。萝藦是草质藤本，其藤蔓长度可达8m，茎为圆柱状，表面为绿色，有条纹。其叶像白杨树叶，呈心状，所开花呈伞状，果实形状类似于棉桃状，挤压会出现白汁。萝藦绒即萝藦种子的毛纤维，萝藦果实成熟于秋季，果皮自然开裂，萝藦种毛干燥成纤并自然散开形成萝藦绒。同时，通过萝藦果实的人工开裂可以加速种毛的纤维化进程。在自然条件下，萝藦绒呈天然白色，光泽高，质量轻，蓬松度高，无异味，极易飞出传播，因此，萝藦在野外分布广泛，萝藦绒储量丰富，如图1-10所示。

图1-10　萝藦绒形貌及提取过程

1.3.2　萝藦绒高值化利用研究现状

目前，针对萝藦绒的研究主要集中在提取其药理成分，拓宽其在医学领域的应用上。而针对萝藦绒纤维材料本身的性能及应用研究较少，且多集中于纺织领域。

1.3.2.1　萝藦在医药领域研究现状

萝藦作为野生植物资源，具有重要的药用价值。传统中医药学认为，萝藦的根、茎、叶等各个部分都具有药用价值，均可入药，具有益气补血、补虚解乏、抗毒解毒等多重功效[40]。此外，在民间有在伤口上涂覆萝摩绒止血的经验，这种做法一直沿用到今天，但其止血机制还未完全明确。20世纪50年代，日本学者开始对萝藦植物药用价值展开研究与分析，其通过对药用成分进行萃取，发现多种药理成分，包括C_{21}甾体糖苷、多糖、生物碱和黄酮类化合物等。随着现代提取分析技术的发展，研究人员还从萝藦植物中提取出了具有更高药理价值的天然化合物，这些化合物在抑制肿瘤细胞、调节免疫力、抗菌抗氧化和神经保护等方面具有显著功效[41-44]。刘威等[45]采用多种有机溶剂从萝藦中萃取小分子提取物可针对性地杀死病变肿瘤细胞，从而在肿瘤的抑制上发挥重要作用；贾琳等[46]的研究表明，萝藦植物中所富含的多糖物质可提升免疫力，促进脾淋巴细胞增殖。

综上所述，萝藦植物是一种具有极高药用价值的野生植物资源，但研究主要集中在实验分析领域，尚难以推动萝藦资源的产业化。进一步而言，萝藦绒作为重要萝藦副产物其药理学研究尚不充分，从而造成纤维资源的废弃。

1.3.2.2 萝藦绒在纺织材料领域研究现状

目前，为了开发萝藦特种资源，马鞍山地区已完成萝藦规模化培育及种植，通过对种植园调研发现，萝藦绒易于获取，产量丰富，单株产量在320~650g，这为其资源化提供了有力的原料保障。然而，国内外对于萝藦绒纤维材料的报道较少，对纤维基本性能和应用性能研究不够全面与深入。

郭新雪等[47]针对萝藦绒纤维外观形态、细度、强度等基本性能进行初步探究，发现该纤维为中空结构短纤维，其细度约为24.68μm，强度约为0.33cN；同时，研究指出，较低纤维强力导致纤维难以独立纺纱，因此可作为混纺纱线原料。该研究对萝藦绒的基本性能进行了初步测定，对于萝藦绒资源化开发具有一定指导意义。

除此之外，为拓展萝藦绒在纺织领域的应用，本课题组前期对其基本性能进行了初步分析，证实了萝藦绒纤维具有极大空腔结构。同时发现，萝藦绒的高度蓬松性能和中空结构，使其具有和羽绒相当的保温性能，这为萝藦绒作为保暖填料的资源化开发奠定了基础[48]。

上述研究对萝藦绒的基本性能进行了分析，给予其"混纺纱线"和"保暖填料"两种开发方向。基于此，本课题初始阶段对这两种方向展开进一步分析与研究，以探明其应用潜力，明确上述资源化方向的可行性。

（1）萝藦绒在混纺纱线应用可行性分析。

纺纱是纤维在纺织领域的重要应用，在已有研究[47]的基础上，本课题组前期探究了萝藦绒/棉混纺纱线（混纺比3∶7）的毛羽性能，并与纯棉纱线的毛羽性能进行对比。研究发现，萝藦绒/棉混纺纱线的有害毛羽（≥3mm）数量明显多于纯棉纱，其中在3mm、4mm、5mm长度毛羽数量上尤为明显，而在7mm、8mm、9mm长度毛羽数量上两者差别不大，如图1-11（b）所示。图1-11（a）中纱线的显微照片可更为直观地看出两者的差异，即棉纱毛羽数量较少，因为纯棉纤维虽含有大量短纤维，但相

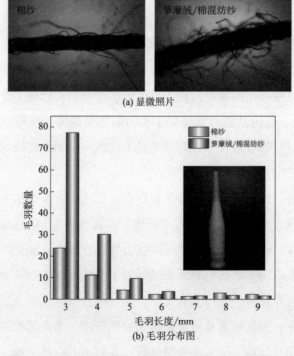

图1-11　棉纱及萝藦绒/棉混纺纱显微照片和毛羽分布图

互之间抱合力较大，故形成毛羽较少。但就混纺纱线而言，由于棉与萝藦绒纤维表面结构差异较大，且萝藦绒纤维刚直、表面光滑、强力小而脆性大，造成纤维间抱合力差，使得混纺中，萝藦绒部分头端与尾端脱离了纱线主体，且经过牵伸、梳棉、加捻等工艺，刚直的萝藦绒易断裂，形成大量细小毛羽，纱线品质大大降低。因此，基于上述分析，本研究认为以萝藦绒纺纱对于其高值化利用的意义不大。

（2）萝藦绒作为保暖填料应用可行性分析。

基于已有研究[48]，萝藦绒拥有优异的保温性能。为进一步探明萝藦绒在保暖填料领域的应用可行性，本课题在前期研究中测定萝藦绒蓬松度，并与常见鸭绒及鹅绒进行对比，实验结果如图1-12所示。可见，羽绒（鸭绒、鹅绒）作为高档保暖填料有着优异的蓬松度，鸭绒达$7374cm^3$（450立方英寸），鹅绒达$8439cm^3$（515立方英寸）而天然萝藦绒纤维蓬松度接近含绒量为85%的鸭绒，达$7374cm^3$（450立方英寸），是一种具有蓬松结构且保温性能优异的天然纤维。然而，有异于羽绒的柔软质地，萝藦绒刚性结构使其具有明显的刺挠感；而且，萝藦绒脆性大，强度低，尽管可以形成蓬松结构，但是经压缩后纤维易脆断，蓬松度难以恢复。上述结构特性限制了萝藦绒作为保暖填料的应用。

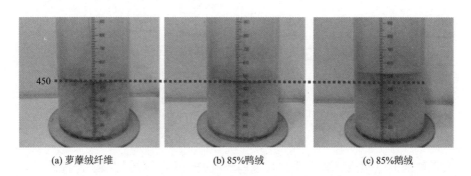

| (a) 萝藦绒纤维 | (b) 85%鸭绒 | (c) 85%鹅绒 |

图1-12　不同纤维的蓬松性能测试

1.3.3　萝藦绒高值化利用方向分析

萝藦绒资源研究现状表明，其作为保暖填料和纺纱纤维均具有局限性。同时，若以萝藦绒为原料提取天然纤维及半纤维等成分制备气凝胶、水凝胶等再生生物基材料，虽具有一定可行性，但萝藦绒资源丰富度尚不及棉、麻、竹等传统纺织纤维，实际意义较低。此外，由于此类纤维素基再生材料制备工艺较为复杂，成本较高，技术大多停留于实验室阶段，难以快速实现萝藦绒资源高效利用。

然而，上文中所述生物质基纤维及其他生物质基材料的资源化利用给予本课题以重要的启示。以木棉为例，因木棉纤维具有中空结构特性，其在浮力材料、隔音材料及天然吸附材料等方向均具有重要应用潜力。因此有理由推测，萝藦绒轻质蓬松、具有中空结构，是理想的天然吸附材料。同时，本研究将对萝藦绒亲/疏水性展开研究，以探讨其在吸油领域的应用潜力；进一步而言，萝藦绒具有高度中空结构，赋予其内、外两种类型表面，极大地拓展了原料的比表面积，利用其制备活性炭纤维具有天然的结构优势。而活性炭纤维是一种高效吸附剂，可有效吸附各类废水中杂质，解决水质污染问题。因此，开发萝藦绒活性炭纤维并应用于水质净化领域是其资源化研究的另一方向。综上所述，可明确萝藦绒两大资源化方向：①将萝藦绒应用于吸油领域；②制备萝藦绒活性炭纤维并应用于水体净化领域。

1.4　吸附材料在油水污染领域研究现状

1.4.1　油污染现状

油污染是水资源污染的一种重要形式。在工业生产和运输过程中，大量油剂通过倾倒和泄露等方式进入环境中，引起水质污染。据统计，每年有 8×10^6 t石油排放或泄露到自然环境中，对地表水系产生严重危害。油污大量附于水表面，不仅阻隔了水体和大气的气体交换，还阻隔光线，影响水生动植物的生存。而且含油污水易于滋生细菌及微生物，渗入地下后对人类饮用水安全造成影响[49]。近年来，由于石油工业的发展，大量石油在运输和加工过程中发生泄漏，不仅造成重大经济损失，而且导致海洋生态严重受损，为后期油污治理带来巨大困扰[50]。除此之外，以石油、机油、食用油等为代表的各类油剂在人类生活中扮演着重要角色，但油剂泄漏事故及肆意排放导致大范围油剂污染发生、而油剂脂肪烃长链难以降解，环境影响周期较长，治理难度较大。因此，基于大范围油污清理工作的需要，开发高效油污处理技术迫在眉睫。

目前，为应对大面积水体油剂污染以及大规模油污泄漏事故，研究人员开发出多种油污清除治理技术，包括吸附处理、化学法分散沉降、微生物降解与原位燃烧等，但微生物降解法的周期较长，化学法和燃烧法会产生二次污染，治理过程导致石油资源不可回收，这均限制了这些技术在此类突发事故中的应用[51]，而通过物理吸附法实现对油剂清除回收已被证实是一种高效廉价的解决方法，因此关于高效吸油材料开发成为研究热点[52]。

1.4.2 吸油材料的分类

1.4.2.1 无机吸油材料

无机材料在吸油领域的应用具有悠久的历史，一些具有吸附性能的天然无机材料因为良好的性价比、可回收性、易加工性和环保性而受到研究人员的关注。大量的天然、低成本的无机材料被用于油剂和有机溶剂吸附，如沙子、碳基材料、矿物黏土、无机高分子材料和金属基材料等。此外，对无机材料做进一步疏水处理，还可将其应用于油水分离领域。

早期，无机吸油材料多为多孔粉末状及粒状炭粉、石灰、黏土等，此类材料具有成本低、来源广等优势，但吸油性能不佳，难以回收。因此，研究人员随后采用疏水剂对碳酸钙、氧化镁等常见无机材料进行修饰改性，大大提升了其重复使用性能及疏水性。随着纳米技术的发展，研究人员发现，纳米材料具有超疏水性以及高比表面积等优势，可用作吸油材料。以氮化硼纳米材料为例，其对油剂吸附倍率高达33g/g[53]。

近年来，磁性纳米金属氧化物因其优越的超疏水性及可回收性受到广泛关注。研究人员在纳米氧化铁表面引入油、水两亲分子，使其既能稳定分散于水相中，又可以实现油剂吸附，但该材料的吸附倍率仅为10 g/g，效率较低[54]。值得注意的是，由于纳米吸油材料制备工艺复杂，人们致力于开发简单高效的无机吸油材料，Li等[55]报道了一种简单的油水分离无机吸附剂，即筛选直径50μm～1mm的砂粒，对其进行清洗、干燥，并经处理后构建砂层实现乳液状油水分离，如图1-13所示。该无机吸附剂原料丰富，制备简单，为乳液状油水分离提供了新的解决方案。

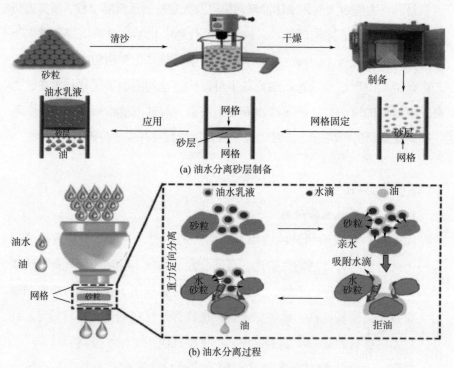

图1-13　油水分离砂层制备及油水分离过程[55]

1.4.2.2　合成高分子吸油材料

目前，合成高分子吸油材料种类丰富，主要包括高分子树脂基材料、有机硅材料和高分子海绵材料等。吸油树脂是一种交联度较低，且具有三维网状结构的新型吸附剂，该吸附剂具有品种多、吸油速度快、持油能力强、回收方便、重复使用性好等优点。由于其可以长时间浮于水面，树脂材料在处理浮油问题上有很大的优势。此外，以聚二甲基硅氧烷为代表的有机硅材料因分子间作用力弱、表面能低等特点被广泛应用于油剂吸附中。近年来，蓬松多孔海绵体材料因为其良好的弹性和压缩性能而备受关注，较低空间密度使其具有极大吸附容量，并可多次重复吸附。此类材料中，以聚氨酯材料研究最为广泛。聚氨酯复合泡沫塑料是通过简单的一步发泡技术合成的。如图1-14所示，Zhu等[56]将聚氨酯泡沫浸渍于多巴胺/Fe_3O_4纳米颗粒溶液中，使纳米颗粒有效地附着在聚氨酯泡沫材料表面，改性后聚氨酯材料纯水接触角大于150°，吸油倍率为25g/g。

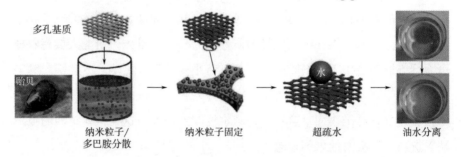

图1-14 聚氨酯泡沫疏水改性及油水分离展示[56]

1.4.2.3 生物质吸附材料

生物质材料是地球上最丰富的可再生资源，具有优越的可再生性及可降解性，作为吸油材料不会造成二次污染。然而，大部分的生物质材料没有得到充分利用，例如，农副产品丢弃后往往会被焚烧或分解，在一定程度上既污染了环境，又浪费了资源。事实上，将农林废弃物应用于油污吸附的研究工作早已开展，研究人员尝试将秸秆[57]、木屑[58]等直接应用于油污吸附，但吸油效果不太理想。因此，大量的研究工作致力于开发具有特殊润湿性能的生物质吸附剂，从而可以选择性地吸收油类污染物。通过对原料的深加工，发现开发功能性纤维素基复合材料是生物质材料高值化利用的有效途径[59-60]。以纳米纤维素膜、纤维素基气凝胶等为代表的纤维素基材料具有网状多孔结构、绿色环保、价格低廉等优点，且拥有良好的生物降解性、化学稳定性、生物相容性和润湿性，是实现油污吸附的理想材料。此外，研究表明，纤维素基复合材料炭化可进一步提升其吸油性能。如图1-15所示，Li等[61]采用简单的碱化、漂白、冷冻干燥等工艺，利用剑麻叶制得超轻弹性纤维气凝胶，并通过液相沉积法在气凝胶表面涂覆纳米铜粒子赋予材料疏水性，实现了纤维气凝胶对油剂的定向吸附。

1.4.3　天然纤维在吸油领域研究现状

萝藦绒是一种天然纤维，因此，天然纤维材料在吸油领域的研究现状对萝藦绒的资源化利用具有重要参考意义。众所周知，因低廉的成本和丰富的资源，天然纤维在吸油领域的研究开展较早。早先，研究人员将农林废弃纤维资源应用于油剂吸附，例如，将小麦秸秆、稻草、废弃棉、麻等用于油剂吸附。上述天然纤维虽具有一定的吸油效果，但由于纤维的孔隙结构较差，且纤维表面富含羟基，疏水性较差，导致这些材料对油的吸附缺乏选择性，吸附效果不理想。

为了进一步提高天然纤维的疏水性能，科研工作者尝试了多种方法，主要基于以下两种思路。

思路一，实现纤维素的羟基封闭，以降低天然纤维的极性和亲水性，依靠纤维疏水性及与油剂之间范德瓦尔斯力完成油剂吸附固定，这主要通过与纤维表面羟基的酯化、醚化和接枝反应来实现[62]。

思路二，提升天然纤维比表面积，降低表面能。例如，研究人员仿照荷叶超疏水效应将纳米金属氧化物固着于纤维表面，从而构筑疏水层，实现亲油性能提升。此外，在纤维表面涂覆氟类化合物、烷基硅烷和烷基化合物等疏水层以及采用等离子体方式增加纤维比表面积也被广泛应用于天然纤维吸油改性[63]。

但本研究认为，基于上述改性技术虽一定程度上提升了纤维的吸油性能，但复杂的工艺和昂贵的加工成本使其失去了天然纤维的低成本优势，且天然纤维原本的生物安全性优势难以保证，某种程度上背离了天然纤维在吸油领域的固有优势。

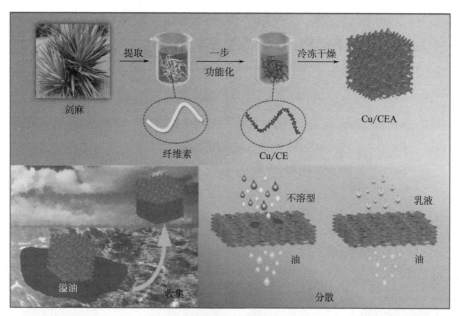

(a) 纤维素气凝胶制备

(b) 吸油效果

图 1-15 纤维素气凝胶制备及其吸油效果图 [61]

如图1-16所示，Nine等[64]提取了板栗绒纤维，发现该纤维富含脂肪族和芳香烃，且表面多糖物质、纤维素与木质素形成交联，从而具有疏水性；同时，该纤维表面布满纹理，导致表面粗糙，增大了其比表面积。由于该纤维特殊的理化结构，将其应用于吸油及油水分离，吸油效果显著，如图1-16（c）所示。上述报道为天然纤维在吸油领域的应用提供了重要启示，即基于天然纤维自身理化结构开发高性能吸油剂具有潜在优势。进一步，研究人员针对木棉及香蒲绒吸油性能进行研究，发现天然纤维的中空结构和异形截面可有效提升其吸油储油空间，增加纤维与油剂接触面积，大大促进其对油剂的吸附能力[65-66]。这预示着中空萝藦绒极具吸油潜力，对于推动萝藦绒在吸油领域的应用具有重要意义。

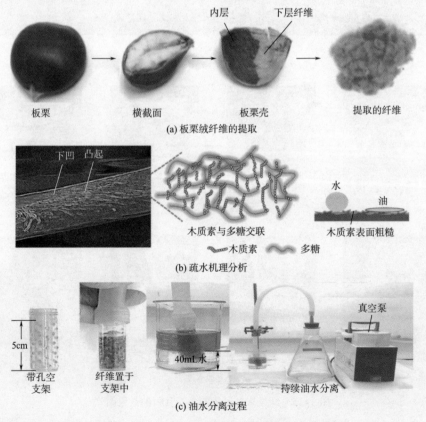

(a) 板栗绒纤维的提取

(b) 疏水机理分析

(c) 油水分离过程

图 1-16　板栗绒纤维在油水分离领域的应用 [64]

1.4.4 天然纤维吸附机理

1.4.4.1 纤维固体比表面润湿机理

纤维表面润湿指存在于纤维表面的流体被另一种流体所取代[67]。对于纤维吸油过程而言，这种润湿指纤维表面气体被油剂所取代。纤维的表面化学性质和形貌决定了纤维的润湿性，而油剂对纤维良好的润湿性是纤维吸油的前提，与纤维材料的表面能密切相关。一般以纤维与纯水的静态接触角来表征纤维的润湿性。如果纯水水滴存在于纤维表面并与纤维的静态接触角小于90°，纤维表现为亲水性；如果静态接触角在90°～150°，则纤维表现为疏水性；如果静态接触角大于150°，则纤维表现为超疏水性，如图1-17所示。纤维的疏水性可以阻止其对水的吸附，进而提高吸油能力。不同种类的油也可以进行类似的测量，分别表现为亲油性、疏油性和超疏油性[68]。

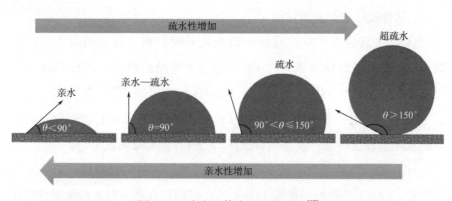

图1-17 水在固体表面的润湿性[68]

1.4.4.2 对油剂的吸附

当吸附剂开始吸油时，油分子需要扩散到吸附剂表面，在毛细力的作用下，油分子会沿着吸附剂的表面和孔隙流动，最终填充在吸附剂的孔隙中。石油主要由非极性碳氢化合物组成，它们的吸附是基于物理上的非共价相互作用，一般以范德瓦尔斯力为主[69]。天然纤维吸油材料主要是依靠其表面蜡质对油分子产生范德瓦尔斯力来吸引油剂，随后，通过毛细作用使油剂吸附并储存在纤维间或纤维自身的孔隙结构中。基于此，一般认为，纤维的直径大小与吸油性能呈负相关，较细的纤维通过相互堆砌作用容易产生更小的孔径以及更大的孔隙率，导致芯吸作用增强，吸油性提升。

但上述规律并不绝对，因油剂表面张力的存在，过于细小的孔径也会阻碍油分子的通过及吸附，导致吸油性能下降。近来，对于中空木棉纤维吸油机理的研究表明，纤维中空结构增加了纤维比表面积，有利于构建蓬松纤维集合体，同时中空结构对油剂也具有明显的芯吸作用，大大增强了纤维对油剂的吸附能力。

1.5 活性炭纤维研究现状

1.5.1 活性炭纤维简介及发展

ACFs（活性炭纤维）是一种新型炭吸附材料，具有极高的比表面积、发达的孔隙结构和较为集中的孔径分布等结构特性；同时，ACFs表面富含大量活性官能团，如O—H、C═O、—COOH等，部分ACFs还含有—NH_2、—NH—、—HSO_3等。因此，上述结构特征及官能团分布赋予ACFs独特的理化特性，使其具有极高的吸附容量和吸附速率[70]。

ACFs的研究始于20世纪60年代，与传统的炭吸附材料相比，如活性炭粉末（PAC）、颗粒活性炭（GAC），ACFs具有更为发达的孔隙结构和吸附性能。它与传统颗粒活性炭的区别主要集中在以下三个方面。

（1）孔隙结构。如图1-18所示，ACFs的孔径90%以上以微孔和介孔为主，这为其提供了极大的比表面积，且孔型直接性好。而颗粒活性炭孔形曲折，直接性差，并且孔径分布较为分散，大孔含量较高，比表面积较低。

（2）含碳量。ACFs含碳量极高，而颗粒活性炭中则含有大量灰分和无机杂质。

（3）活性官能团。表面分布有活性官能团是ACFs的重要特性，是其区分于颗粒活性炭的重要标志。

　　基于上述优势特征，ACFs的吸附性能较粉末状活性炭提升10~100倍，是颗粒活性炭吸附性能的10倍以上，因此，ACFs被称为第三代炭吸附材料[71]。

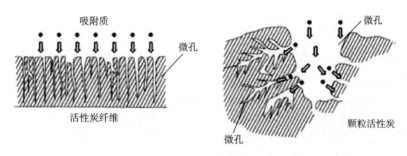

图 1-18　不同炭材料结构对比图 [71]

　　早期传统ACFs主要以合成纤维为原料，按照前驱体不同，主要分为黏胶基、酚醛基、聚丙烯腈基和沥青基等[72]。但由于石化资源的不可再生性和高昂的成本，通过可再生的生物质资源取代石化原料制备ACFs已成为行业趋势。与利用石化原料制备ACFs相比，通过生物质生产ACFs具有诸多优点，具体如下。

　　（1）前驱体原料丰富、多样、可再生。

　　（2）生物质原料极易获取，可修饰性强。

　　（3）废物处理成本更低且对环境的负面影响较小[73]。

　　余少英等[74]制备的生物质活性炭纤维可应用于水质净化中，拥有优异的吸附效果，以苯酚的吸附为例，其最高吸附量可达2180mg/g，同时，该材料对水中铜离子也具有一定吸附效果。Li等[75]对废弃棉进行煅烧炭化，制备的碳纤维材料在亚甲基蓝废液中有着良好的吸附性能。荣达等[76]以磷酸二氢铵为化学活化剂，通过调整活化、炭化工序，在650℃时制备得到三种新型木棉基ACFs，均可实现染料的吸附，其对亚甲基蓝的吸附量最高达274.11mg/g，证实了中空ACFs对染料具有良好的吸附性。

此外，中空ACFs具有良好的材料复合性，可通过不同材料复合改性赋予其多功能性。Shi等[77]运用水热处理法制备了负载TiO_2的中空ACFs，其表面不仅分布有大量的TiO_2催化剂，还具有极多的羧基，进而提高了产物的催化性能，实现吸附材料的循环利用。Huang等[78]基于液化木材的KOH改性，制备高孔隙率、高比表面积的ACFs，其制备工艺简单，且对工业化生产具有重要意义。

综上所述，天然纤维是目前活性炭纤维重要的原料来源，生物质ACFs是该材料的发展趋势，具有成本低、吸附效果优异、可修饰性强等特点，在水质净化方面具有巨大的应用潜力，而中空结构可进一步提升ACFs各项性能。因此，基于中空萝藦绒开发中空生物质ACFs对于实现原料的高值化及水质净化等具有重要意义。

1.5.2　活性炭纤维形成机制

ACFs发达的孔隙结构和特殊的表面性能源于其特有的制备工艺。其制备过程一般先采用物理或化学方法进行活化，然后在高温条件下炭化形成碳纤维[79]。此外，使用联合活化（化学和物理联合活化）也是常见活化方式。

1.5.2.1　炭化机制

炭化热解是ACFs制备的一个重要过程，在此过程中，通过热处理去除原料中非碳成分，从而增加产物中碳含量[80-81]。炭化升温过程中，水分和低分子量挥发物首先释放出来，随后纤维素和半纤维素裂解，产生轻芳烃，最后高温脱氢产生氢气[82]，制得碳质骨架。在这一过程中，随着非碳物质热解，逐渐形成大量孔隙。研究表明，不充分炭化会导致形成的孔隙中充满焦油等热解残留物以及孔隙结构形成不充分；而过度炭化直接影响产率，造成孔隙结构崩塌。因此，控制炭化过程中的各项工艺参数对于控制炭材料的品质具有重要意义[83]。

在此过程中，炭化温度的影响最为显著，其次是升温速率、加热气氛，最后是炭化时间[84]。一般情况下，炭化温度高于600℃时，产物产率降低，而液气副产物释放速率会增大。同时高温还会增加灰分和固定碳含量，降低挥发性物质的含量。因此，高温会提高焦炭的品质，但也会降低焦炭的产量。

1.5.2.2 化学活化机制

在化学活化过程中，ACFs前驱体将通过浸渍或喷涂的方式直接与化学活化剂实际接触。常见的化学活化剂包括H_3PO_4、H_2SO_4、HNO_3、$ZnCl_2$、$NaOH$、KOH等[85]，除此之外，以H_2O_2[86]、K_2CO_3[87]、$CaCl_2$[88]、HCl[89]等试剂作为化学活化剂的报道也逐渐增多，大大丰富了活化剂的种类。

一般而言，碱性及金属盐类活化剂主要通过刻蚀作用形成孔隙，其中，以KOH为代表的碱类活化剂会在纤维表面结晶、熔融，其在高温条件下分解的K_2O会进一步刻蚀碳结构[90]；而$ZnCl_2$一般通过促进纤维脱水，进而在高温条件下发生裂解和交联，从而形成丰富的微孔[91]。但相较于上述活化剂，磷酸活化剂具有腐蚀性低、污染小等优势，因是一种绿色活化剂，因而备受关注。左宋林[92]对磷酸活化机制展开系统分析，如图1-19所示，磷酸活化过程为：磷酸同纤维形成复合体，进而催化纤维水解、脱水和芳构化反应，与纤维发生交联，导致纤维石墨微晶结构弯曲，在高温过程中，通过炭化作用刻蚀出以微孔和介孔为主的孔隙结构。

活化剂的作用是抑制炭化过程中焦油和其他副产物的形成，并通过脱水和降解生物质的结构来帮助形成孔隙。而大量研究表明，活化剂的种类、前驱体的质量比、活化温度及时间均对活性炭纤维性能产生显著影响[93]。研究指出，一定程度内较高的活化温度会促进ACFs孔隙结构的发展，但当活化温度达140℃，将会抑制活性炭纤维孔隙结构的生成[94]。由于不同活化剂及不同原料结构与性能均不相同，不同工艺因素影响规律也不尽相同，所以在实际生产中，需要基于ACFs的性能需求来对上述工艺进行调控。

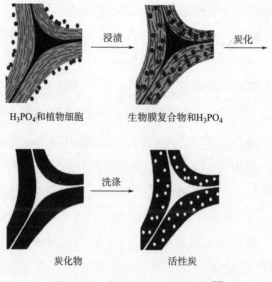

H₃PO₄和植物细胞   生物膜复合物和H₃PO₄

炭化物   活性炭

图1-19 磷酸活化、炭化机制[92]

1.5.2.3 物理活化机制

物理活化通常先对原料进行高温处理，然后在高温条件下，利用氧化气氛实现原料活化。其机理在于，首先通过高温使原料发生降解，并促进非石墨碳和异原子气化，进而改变原料石墨层结构。随后，在氧化气氛中，纤维无定形区的碳被大量氧化、刻蚀并形成发达的孔隙结构。活化气氛是一种高氧化剂，如CO_2、水蒸气、O_2或它们在高温下的混合物。在蒸汽气氛的特殊情况下，整体活化反应见表1-2[95-96]。

表1-2　物理活化主要反应

活化剂	活化反应
H_2O	$C+H_2O \rightarrow CO+H_2$，$C+2H_2O \rightarrow CO_2+2H_2$
CO_2	$C+CO_2 \rightarrow 2CO$
O_2	$C+O_2 \rightarrow CO_2$，$2C+O_2 \rightarrow 2CO$

研究认为，CO_2活化剂效率较低，活化速度较慢，但得益于较慢的

活化速度，其活化更均匀，所制备的活性炭纤维孔径小且分布更窄。与此相反，O_2的氧化能力强，其反应剧烈，活化速度较快，但反应过程难以控制，容易造成过度炭化。H_2O反应活性介于两者之间，同时，因其易于获取、原料成本低，所制备活性炭纤维以微孔为主，因而应用更为广泛[97]。

此外，微波活化技术是近年来新兴的一种物理活化工艺，其主要采用频率在300MHz～300GHz的电磁波对原料进行定向辐射，从而在保证不接触原料的前提下，使其内部发生系列反应从而形成孔隙结构[98]。一方面，微波辐射具有较快活化速度和较小的设备体积；另一方面，微波加热可以增加碳的产量，提升产物性能，具有能源利用率高、污染物排放少等特点，极具发展潜力[99-100]。而采用微波活化技术辅助化学活化也是该技术目前的主要发展方向。

1.5.3　活性炭纤维吸附机制

当ACFs处于流体中，流体内的杂质颗粒、有机成分在ACFs表面孔隙结构中形成富集，即表现为吸附。图1-20所示为ACFs的吸附机制，主要分为物理吸附和化学吸附两类。由于ACFs具有极高的比表面积，大大增加了其与吸附质的接触面积与接触概率，而分布在ACFs表面的孔隙可以进一步增加ACFs的吸附能量[101]，因此在范德瓦尔斯力和静电引力作用下，具有不同空间尺寸的吸附质分别吸附到不同孔径的孔隙中，形成物理吸附。此外，ACFs表面活性官能团对吸附具有重要影响，它决定了ACFs的亲/疏水性、表面电荷性能和表面化学活性，大量含氧基团可以通过与吸附质发生阳离子交换、络合等化学反应形成吸附，这种吸附作用更为牢固，并具有一定选择性。

综合而言，ACFs的吸附过程既包括物理吸附，也伴随着化学吸附，ACFs极大比表面积增加了其与被吸附物质的接触面积，其孔隙可以固着并存储吸附物，增加吸附容量，表面官能团含量和种类则通过强化吸附作用力而增强吸附性能。

(a) 物理吸附

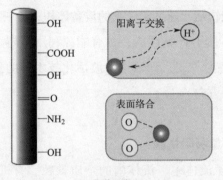

(b) 化学吸附

图 1-20　活性炭纤维的吸附机制

1.5.4　活性炭纤维在水体净化中的应用

　　基于ACFs的高比表面积和多孔结构特性，ACFs具有吸附量大、吸附速度快、易于再生等优势，对染料、重金属离子等各种工业污染物均存在净化作用。

1.5.4.1　染料

　　印染废水是主要水体污染源。据报道，已知的染料和颜料有近4万种，包含7000多种化学结构，其中大部分对生物降解具有较高的抗性。据估计，世界上大约有1万种商用染料，每年产量超过7×10^5t，这些染料被设计成具有耐光、耐水和抗氧化等特性，在生态系统中难以降解[102]。

ACFs对染料分子的吸附能力主要取决于其孔隙结构，其中，ACFs的微孔主要用于吸附较低尺寸的有机物，而一般染料多为中等尺寸，主要依靠其介孔吸附。研究表明，ACFs的孔径、表面电荷、染料分子的空间尺寸以及活性炭纤维与染料之间的静电相互作用等对吸附过程具有重要影响[103]。可以认为，ACFs的表面化学性质和孔隙结构决定了其对不同染料的吸附效能。一般而言，由于ACFs是一种两性材料（既有酸性的表面官能团，也有碱性的表面官能团），其对染料吸附具有一定普适性，表现为其在不同pH条件下，对不同染料均具有一定吸附性能[104]。周逸如等[105]以酚醛纤维为原料，采用蒸汽活化方式制备ACFs，实验结果表明，ACFs对亚甲基蓝具有一定吸附效果。随着生物基原料发展，研究人员以山竹、秸秆、竹、木棉、棉等为原料开发了系列ACFs，可应用于亚甲基蓝、酸性品红、罗丹明B和酸性橙Ⅱ等各类染料的吸附[106]。进一步，研究人员使ACFs负载金属氧化物，以增强其对染料的吸附力。如缪宏超等[107]利用羊毛基ACFs浸渍$Fe(NO_3)_3$和$Cu(NO_3)_2$溶液，增加活性炭纤维的极性，从而使其对亚甲基蓝具有优异的吸附性能。因此，ACFs对染料吸附具有一定的普适性、高效性以及可修饰性，在染料吸附领域具有广阔前景。

1.5.4.2　重金属离子

采矿、制革厂、纺织厂、电子厂、电镀和石化工业的废水中含有大量重金属离子，具有毒性及致癌性，对生态及人体健康带来不可逆损伤。近年来，利用ACFs吸附重金属已经得到广泛的研究。其中，纤维基ACFs可以实现对大多数金属离子的吸附。例如，Demiral等[108]以橄榄残渣为原料，通过对其进行蒸汽活化、炭化制备了ACFs，其比表面积达718m^2/g，对Cr^{3+}的最高吸附量可达109.89mg/g；研究人员又采用磷酸活化工艺制备棉秆基ACFs，其比表面积达1570m^2/g，对Pb^{2+}的吸附量达70.32mg/g[109]。研究表明，ACFs表面酸性含氧官能团对于离子吸附有促进作用，其可以与重金属离子发生离子交换或络合反应。另外，同时在多数情况下，酸性条件可以增加ACFs的静电力从而捕获重金属离子。因此，化学活化法所制备的ACFs表面富含更多含氧官能团，其离子吸附性能更为优越。Aguayo-Villarreal等[110]对比了物理活化法和化学活化法对ACFs离子吸附性能的影响，结果表明，化学活化法可使ACFs的离子吸附量大幅提升。

工业废水中同时存在多种金属离子，然而不同重金属离子具有不同吸附行为。Fatehi等[111]观察到二元吸附体系中存在相互作用，其中Pb^{2+}存在时，ACFs对Cr^{6+}的吸附减少27%，通过分析得出，Cr^{6+}和Pb^{2+}存在吸附位点的竞争，较大尺寸的Cr^{6+}形成水合离子可能会阻碍活性ACFs吸附过程，从而导致ACFs在二元溶液中对Cr^{6+}的吸附量低于对Pb^{2+}的吸附量。基于此，开发在多元离子体系下具有高效吸附能力的ACFs具有重要意义。

1.5.4.3 酚类化合物

目前，ACFs对酚类化合物吸附的研究较为广泛，而生物质ACFs的研究也逐渐开展。消信彤等[112]以生物海绵为原料制备ACFs，并应用于苯酚的吸附，考察不同因素对其吸附性能的影响，结果表明，ACFs对苯酚的最大吸附量可达174.58mg/g，并符合Langmuir和准二级动力学模型。进一步，Dosreis等[113]通过多种方法制备ACFs，研究结果表明，其对于苯二酚的吸附性能均在1200mg/g以上，并推测这种吸附力可能源于供体—受体之间π—π键的相互作用。此外，研究人员基于木棉[114]、梧桐叶[115]、洋麻[116]等生物质原料制备的ACFs对酚类物质均有优异的吸附效果。

1.5.4.4 其他有机污染物

ACFs还被证实对青霉素[117]、抗生素[118]、含磷化合物[119]、农药化肥[120]等多种有机污染物具有吸附净化作用。由此可知，ACFs可以应用于不同有机污染物的吸附和复杂废水体系。对于可生化性差、难以降解的有机污染物，ACFs凭借其高效便捷的吸附方式而具有极为广阔的应用前景，是一种重要的水体净化材料。

1.6 本研究目的及内容

1.6.1 研究目的

本研究针对萝藦绒资源利用率低和利用价值低的现状，寻求萝藦绒高值化方案，即基于萝藦绒结构及性能特点探究萝藦绒吸油及油水分离性能；进一步地以萝藦绒制备萝藦绒活性炭（MACFs），探究其对染料废水的吸附性能，从而为油污泄漏和印染废水污染处理提供低成本且高效的解决方案。

本研究从分析萝藦绒纤维的化学成分、化学结构、微观形貌和理化性能等着手，从而为其功能化开发和工艺设计奠定基础；通过萝藦绒纤维对不同油剂的吸附能力和油水分离能力的测定，证实萝藦绒是一种高效天然吸油纤维；通过采用复配高渗性磷酸活化剂对纤维进行活化处理，证实萝藦绒内外表面均高效活化，并开发高效MACFs制备工艺；将MACFs应用于对亚甲基蓝的吸附，研究其吸附过程并分析吸附机理，为染料废水净化提供一种高效吸附剂。

1.6.2 研究内容

（1）天然萝藦绒性能分析与表征。鉴定萝藦绒化学成分，并通过红外光谱（FTIR）、X射线衍射（XRD）、热重分析（TG）等手段探明其化学结构、聚集态结构及热性能，为MACFs制备工艺选择及参数设置提供分析基础；此外，着重分析其微观结构形貌以及纤维表面的润湿性能，以探明其在吸油领域应用的可行性，并为其吸油性能分析及机理解释提供理论基础。

（2）萝藦绒吸油及油水分离性能分析。基于研究内容（1），明确萝藦绒具有优异的亲油疏水性，因此以吸油性、保油性、重复吸油性为指标，探究其对植物油、机油和柴油的吸附性能。同时，通过对吸油状态的观察和吸附动力学的分析揭示萝藦绒吸附机制。此外,以萝藦绒散纤维构建过滤层,探究其对上述油剂的过滤性能,进一步拓展萝藦绒的应用性能。

(3)萝藦绒活性炭纤维制备及表征。基于研究内容(1)所探明的萝藦绒中空结构和表面蜡质分布特征,选用高渗性NaOH溶液对纤维进行脱蜡预处理,利用高渗性磷酸活化剂实现纤维内外表面的活化,并采用预氧化和真空炭化工艺制备MACFs。首先,采用扫描电镜—能谱仪(SEM-EDS)观察MACFs微观形貌和表面刻蚀情况,以及活性元素在其表面分布状态;其次,采用FTIR、XRD和静态接触角方法研究磷酸活化机理,系统比较活化过程对MACFs表面官能团含量、聚集态结构和亲水性能的影响;最后,基于BET-BJH方法,探讨炭化温度对MACFs比表面积和孔径分布的影响规律,并揭示其影响机制。

(4)萝藦绒活性炭纤维对亚甲基蓝的吸附性能及机理分析。基于研究内容(3)所制备的MACFs,以亚甲基蓝为模拟染料废液,探究不同炭化温度下所制备的MACFs的吸附性能,并以饱和吸附量为指标,确定MACFs最优制备工艺;以上述最优MACFs为吸附剂,通过吸附模型、动力学和热力学分析研究MACFs对亚甲基蓝的吸附机理,并探讨吸附温度、pH及盐离子浓度等因素对吸附性能的影响。此外,以MACFs构建过滤层,探明其对染料的动态过滤性能,拓展应用形式。

1.6.3 研究技术路线

本研究技术路线如图1-21所示。

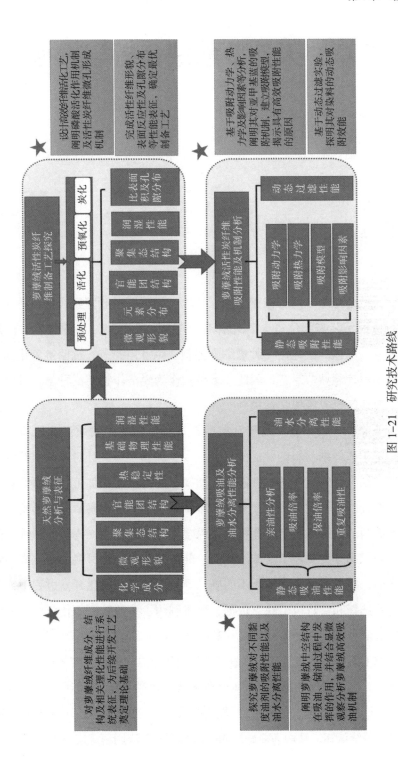

图1-21 研究技术路线

第2章 天然萝藦绒分析与表征

2.1 引言

天然萝藦绒广泛分布于中国、日本、韩国等东亚国家，据报道，因萝藦植株根、茎等部位富含C_{21}甾体苷、多糖、生物碱、黄酮等多种药理活性成分，已被广泛应用于肿瘤细胞抑制、免疫力调节、抗菌抗氧化和神经保护等医疗领域[41-42, 44]，因此，萝藦被作为经济作物广泛种植，且已在我国华东地区形成规模化种植。

萝藦绒产量丰富，易于获取，是一种丰富的生物质工业原料。但目前，基于该纤维材料的性能的研究较少，郭新雪等[47]针对萝藦绒纤维外观形态、细度、强度等基本性能进行初探，并尝试纺织加工，其研究对该新型生态纤维的开发具有重要意义；本课题组[48]通过观察萝藦绒形貌，并测试萝藦绒的单纤维长度、蓬松度及保暖性等基础性能，为萝藦绒纤维的功能性纺织品开发奠定了基础。然而，前期基于该纤维材料的研究尚不够系统全面，纤维成分、结构尚不明确，导致后续其功能化开发过程中，相关工艺的选择和参数设定缺乏依据，严重制约了萝藦绒高值化应用。因此，开展萝藦绒基础性能研究是展开其高值化研究的前提和基础[121]。

综上所述，本章节基于萝藦绒高值化研究方向，对纤维的化学成分进行测定，并借助现代分析测试技术对萝藦绒的微观形貌、官能团结构、聚集态结构、热稳定性能及相关基础性能进行表征与分析，以期形成对萝藦绒纤维材料的系统认知，从而为萝藦绒功能材料开发与应用奠定理论基础。

2.2　实验部分

2.2.1　实验材料及仪器

所用主要实验材料及相关仪器设备分别见表2-1和表2-2。

表 2-1　实验材料

序号	药品	规格	生产厂家
1	萝藦绒	—	马鞍山腾谊有限公司
2	植物油	市售	金龙鱼粮油食品股份有限公司
3	0 号柴油	市售	中国石油化工集团有限公司
4	机油	市售	美国美孚埃克森石油有限公司
5	刚果红	AR	阿拉丁试剂公司
6	亚甲基蓝	AR	阿拉丁试剂公司
7	乙醇	AR	阿拉丁试剂公司

表 2-2　实验仪器

仪器名称	型号	生产厂家
表面张力仪	DCAT11 型	德国 Dataphysics 公司
扫描电子显微镜	S-4800 型	日本日立公司
接触角测量仪	SDC-200	东莞市晟鼎精密仪器有限公司
X 射线衍射仪	D8 系列	德国布鲁克公司
傅里叶变换红外光谱仪	Nicolet iS50	美国 ThermoNicolet 公司
纤维成像与识别系统	—	上海东华大学
分析天平	FA2104 型	上海精科天美有限公司
微机差热天平	DTG-60H 型	日本岛津公司
单纤维强力仪	YG001 型	温州方圆仪器有限公司

2.2.2　测试方法

2.2.2.1　纤维化学成分测定

参照文献[122]所述方法，对萝藦绒纤维的纤维素、半纤维素、果胶等化学成分进行测定。

2.2.2.2　纤维光谱性能分析

（1）红外光谱分析。

将纤维样品研磨成粉末状，放置于40℃烘箱中充分烘干以除去水分。取20mg样品与100mg KBr粉末充分混合并压片，置于傅里叶变换红外光谱仪中进行测试，样品扫描波长为500～4000cm^{-1}，测试分辨率为4cm^{-1}。

（2）聚集态结构及结晶性能分析。

将萝藦绒纤维样品充分研磨至粉末状，并取适量在样品上压平，放置于X射线衍射仪测试台，样品采用2θ扫描，扫描波长范围为5°～60°，扫描速度为2°/min。同时，采用Segal法计算相对结晶度。在扫描曲线$2\theta=22.8°$附近有(002)衍射的极大峰值，选取18°作为非晶区衍射峰，重复性较好，进行结晶度计算误差较小[123]，结晶度的计算式如下：

$$C_rI=[(I_{002}-I_{am})/I_{002}]\times100\% \qquad (2-1)$$

式中：C_rI——结晶度指数；

I_{002}——晶区（002晶格）的最大衍射强度；

I_{am}——非晶区衍射强度（$2\theta=18°$）。

2.2.2.3　萝藦绒纤维热稳定性分析

将萝藦绒充分研磨成粉末状，并置于25℃、相对湿度65%条件下平衡24h。精准称取平衡样品置于坩埚中，采用微机差热天平对其进行热稳定性测试，选用N$_2$氛围加热，设置加热温度区间为30~700℃，升温速度为20℃/min。

2.2.2.4　萝藦绒纤维形貌分析

将萝藦绒纤维磨平铺于导电胶上，表面喷金后置于扫描电子显微镜台，利用扫描电子显微镜观察其表面形貌，设置的加速电压为5kV，电流为10mA。

2.2.2.5　萝藦绒纤维长度测试

随机抽选500根萝藦绒单纤维，均分成五组，测量纤维的纵向长度，并进行统计。抽选和分组过程中保持纤维形态，防止纤维断裂。

2.2.2.6　萝藦绒密度、力学性能及回潮率分析

（1）萝藦绒密度分析。

参照文献[124]所述的方法，采用比重瓶法测试萝藦绒纤维密度，液体选用乙醇。

（2）萝藦绒纤维力学性能测试。

首先，在标准条件下〔（20±2）℃，相对湿度（65%±2%）〕将萝藦绒平衡24h，以备测试使用。在萝藦绒保持干态和湿态条件下进行实验，分别测定其断裂强力和断裂伸长率，将干纤维在蒸馏水中浸泡5min后得到湿纤维。测试过程中，由于萝藦绒纤维较短，故保持试样夹持距离为10mm，设置拉伸速度为10mm/min，每种状态下纤维测试5次，取平均值。

（3）萝藦绒纤维集合体标准回潮率测定。

参照文献[125]，采用烘箱法测定纤维集合体的标准回潮率。

2.2.2.7　纤维表面亲水性能分析

纤维表面亲水性能采用静态接触角表征，具体方法为：将纤维粉末黏附于胶面，并平整压附于玻璃片上，针头向纤维层滴加待测液体，滴液量为5μL，利用仪器配备电荷耦合器件（CCD）相机捕获静态接触角图像，采集时间间隔为0.1s。

2.3　结果与分析

2.3.1　萝藦绒形貌及基础性能分析

图2-1（a）所示为萝藦绒形貌，绒朵呈白色，并以绒核为中心，向外呈放射状分布；图2-1（b）所示为纤维截面图，可见萝藦绒纤维壁极薄，具有高度中空截面结构；图2-1（c）所示为纤维纵面形态，纤维纵向形态

刚直，单根纤维纵向无明显差异，直径约为20μm，无卷曲结构，且纤维表面光滑，同时，纤维纵向存在多个凹槽，导致其横截面呈类十字花形，如图2-1（e）所示。采用Image J计算得到的萝藦绒中空率高于95%，远高于一般纤维，同木棉纤维相似[126]。由于纤维的高度中空结构，导致纤维质轻且纤维集合体蓬松，其纤维密度约为0.33g/cm³，与木棉相近[126]，而30g纤维体积可达7374cm³（450立方英寸），与85%含绒量的鸭绒蓬松度相近。此外，经统计测量发现，萝藦绒纤维长度主要分布于22～52mm区间内，且在40～46mm分布较多，占比可达58%，如图2-1（f）所示。

综上所述，萝藦绒是一种具有高中空结构和十字花形截面结构的短纤维，轻质中空特性导致萝藦绒纤维蓬松。

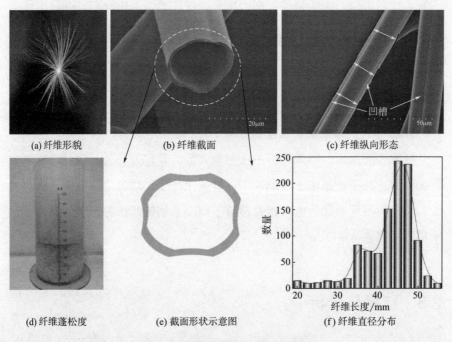

(a) 纤维形貌　　　(b) 纤维截面　　　(c) 纤维纵向形态

(d) 纤维蓬松度　　　(e) 截面形状示意图　　　(f) 纤维直径分布

图2-1　萝藦绒形貌及直径分布图

2.3.2　萝藦绒化学成分及红外光谱分析

实验同时测定萝藦绒化学成分及含量，并通过红外光谱分析萝藦绒表面化学结构。

由图2-2（a）可知，萝藦绒纤维以纤维素为主，占比为53.90%，其次为半纤维素和水溶物，占比分别达28.51%和11.24%，三种成分构成萝藦绒纤维主体，而萝藦绒中果胶物质、脂蜡质和灰分含量分别为1.73%、2.75%和1.87%，与棉、麻纤维差别不大。图2-2（b）所示为萝藦绒纤维的红外光谱图，由于萝藦绒含有纤维素成分，其纤维素大分子富含羟基，故红外光谱图具有明显的羟基峰（3386cm⁻¹），而2918cm⁻¹处的峰属于烷基链的低序带，表明存在蜡或类似蜡的物质[127]。1430cm⁻¹处的峰是由萝藦绒纤维中的纤维素结晶区C—O的弯曲振动产生[128]，而1111cm⁻¹处的峰则进一步证明了萝藦绒具有纤维素 I_β 结构[129]。此外，1323cm⁻¹处的峰归因

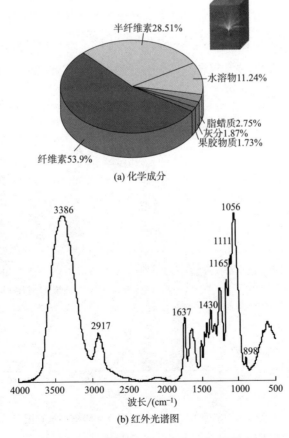

(a) 化学成分

(b) 红外光谱图

图 2-2　萝藦绒化学成分组成及红外谱图

于C—C和C—O的骨骼振动，而897cm⁻¹处的条带则与糖之间的糖苷键有关；1734cm⁻¹处的谱带归因于果胶中的甲酯和羧酸的C═O伸缩，或半纤维素中的乙酰基的C═O伸缩；1625⁻¹和1521cm⁻¹处的细小吸收峰与木质素中的芳香环有关，这也说明木质素的含量相对较低。综上所述，化学法检测的纤维成分在红外光谱分析中得到了证实。

2.3.3 萝藦绒聚集态结构及结晶度分析

如图2-3所示，萝藦绒纤维X射线衍射图同天然棉、竹和木浆纤维相似，表明这几种天然纤维均拥有相似的超分子结构。其中在14.8°、16.5°处出现的两个相近衍射峰对应（101）晶面衍射，22.8°处出现的尖锐衍射强峰对应（002）晶面衍射，34.5°处出现的微小衍射峰则对应（040）晶面衍射。上述峰型表明萝藦绒晶型以纤维I$_\beta$为主，该晶胞是由相互平行的两条纤维素链的单斜结构晶体构成[130]。同时，实验根据Segal法计算相对结晶度，其结晶度约为67.3%，这一数值略低于竹纤维的结晶度，接近棉纤维的结晶度。

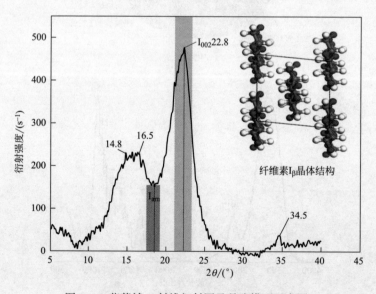

图 2-3　萝藦绒 X 射线衍射图及晶胞模型示意图

2.3.4　萝藦绒热稳定性能分析

　　萝藦绒热稳定性能对于后续工艺参数设定具有重要意义。如图2-4
（a）所示，随着温度的升高，萝藦绒纤维中水分逐渐蒸发，纤维的质
量逐步减少，质量变化速率在92.4℃达到峰值，这一过程的质量损失为
3.8%。此后热重曲线比较平缓，约263℃时纤维的结构没有明显的变化，仅

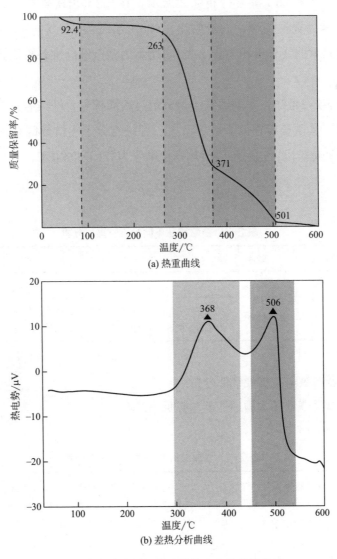

(a) 热重曲线

(b) 差热分析曲线

图 2-4　萝藦绒纤维的热重曲线和差热分析曲线

存在部分结合水的损失，质量保留率为92.8%，在263～371℃发生大规模裂解，质量急剧下降，仅残存29.4%的质量。本文认为，此温度下残余质量主要为萝藦绒裂解残余碳以及少量无机物。然后，随着温度升高，残留碳被氧化，大规模的氧化发生于371℃～501℃，残余质量进一步下降至2.2%。此后温度继续升高，无机成分发生部分分解，热重曲线不变。如图2-4（b）差热分析曲线所示，在368℃出现较宽的放热峰，对应纤维素大规模裂解，大量放热；506℃出现尖峰，对应残余碳氧化放热，与热重曲线分析相吻合。表2-3所示为萝藦绒纤维各阶段具体质量损失表。

由表2-3可知，萝藦绒纤维热分解过程同棉、竹纤维等天然纤维素纤维相似，其主要存在两个放热阶段，即纤维分子主链热降解放热阶段和降解物氧化阶段，这两阶段放热峰位温度为371℃和501℃，与棉、竹纤维相近。

表 2-3　萝藦绒在不同阶段失重率分析

温度区间 /℃	0～92.4	92.4～263	263～371	371～501	501～700
失重率 /%	3.8	3.4	63.4	27.2	2.2
分析	水分损失	微量失重（结晶水及部分物质）	纤维素糖苷键断裂失重	纤维素、半纤维素残部氧化	无机物部分失重

2.3.5　萝藦绒基本物理性能分析

萝藦绒纤维基本物理性能参数见表2-4。

表 2-4　萝藦绒纤维基本物理性能参数

性能指标	标准回潮率 /%	干态强力 /cN	干态断裂伸长率 /%	湿态强力 /cN	湿态断裂伸长率 /%	密度 /（g/cm³）
性能参数	10.20	0.33	3.86	0.69	5.80	0.33

由于萝藦绒具有较高的半纤维素含量，与水接触后易膨胀，其标准回潮率达到10.20%，高于棉纤维（8.5%）及木棉纤维（10.05%）。在纤维力学性能方面，单根萝藦绒纤维的断裂强度非常低，远低于单根棉纤维（2.94~4.41cN）的断裂强度。本文认为，纤维素含量低及纤维中空薄壁的结构形态是造成其单纤维拉伸性能差的主要原因。但在潮湿条件下，单根纤维的断裂强度和断裂伸长率明显提高，这是由于萝藦绒半纤维素含量较高，其构成纤维无定形区具有良好的吸湿性，当水分子进入萝藦绒的无定形区，拉伸过程中使应力分布趋于均匀，从而提高了纤维在湿态下的强度。另外，利用比重瓶法所测得的萝藦绒密度为0.33g/cm³，仅为棉纤维的1/5，与木棉纤维密度相当，说明它是一种超轻天然纤维材料。

2.3.6　萝藦绒表面润湿性能分析

因萝藦绒为短纤维，且强度较低，这限制其在纺纱领域的应用。但前期研究中发现，萝藦绒纤维中富含蜡质，基于此，本节着重对纤维亲水性能进行分析。

如图2-5（a）所示，纤维表面的水呈明显球滴形态，采用接触角测量仪对其静态接触角进行测试。结果显示，超纯水在纤维表面稳定呈液滴形态，其静态接触角可达105.4°，表明纤维具有天然拒水性能；图2-5（b）所示为色拉油在纤维表面的状态，0.72s时，油滴便完全散布在纤维表面，表明纤维表面具有优异的亲油性能。本文认为，萝藦绒较高的蜡质含量（2.75%）是其亲油疏水的重要原因，蜡质提供亲油性表面以利于油滴的扩散，而轻质中空纤维结构同样利于油剂在纤维中的渗透吸收。

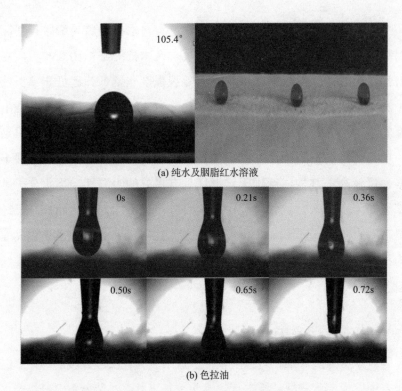

(a) 纯水及胭脂红水溶液

(b) 色拉油

图 2–5　萝藦纤维表面润湿性能

2.4　本章小结

　　萝藦绒是一种具有高度中空结构及十字花形截面的中空异形短纤维，其中空度大于95%，长度分布多集中在40～46mm；纤维基本物理性能测试结果表明，萝藦绒干、湿态强力均较低，标准回潮率可达10.20%，具有轻质蓬松特点，其密度仅为0.33g/cm^3；同时，纤维成分以纤维素为主（53.9%），聚集态结构以纤维素I$_\beta$为主；由于植物蜡包覆于萝藦绒纤维表面，使其具有优异的亲油疏水性能，其与纯水的静态接触角高达105.4°，而色拉油在纤维表面润湿铺平。

第3章 萝藦绒吸油及油水分离性能

3.1 引言

吸油及油水分离材料的开发对防治水体污染具有重要意义。每次原油泄漏事故的发生，都对该区域的水体环境与生物群体造成严重伤害，甚至造成某些生物种群的灭绝[131-133]。因此，在保障安全生产与运输的基础上，开发与应用高效的吸油及油水分离材料是事故灾害补救的最佳途径。

从材料成分上看，当前普遍使用的吸油材料主要为人工合成的高分子材料、天然及其改性材料两大类。其中，在合成高分子材料类别中，代表性材料为低密度多孔气凝胶[134-135]、海绵体[136-138]、功能纤维毡[139]等，这类材料虽具有高效的吸油性能，但也存在不可生物降解、原料受限以及成本高等缺点。相应地，来源于大自然的天然纤维，具有资源丰富、可再生、可降解等属性。其中，部分天然纤维具有疏水亲油表面及中空特征，已被证实具有吸油、储油及油水分离功能[140-141]。Hori[142]、Abdullah[143]分别对木棉纤维的吸油性能进行了研究，研究表明，具有中空特征的木棉纤维对机油、原油、柴油的吸油倍率分别可达47.4g/g、40g/g、36.7g/g，吸油性能远高于常规的棉、亚麻、羊毛等纤维。Wang等[144]的研究也进一步证实木棉具有的中空、表面疏水等特征是其具备吸油、储油的主要原因。

天然纤维具有优异的改性潜力，Wang[145]和Zhang[146]分别通过接枝共聚、表面改性途径进一步提升了木棉纤维的吸油、保油特征，并探究了纤维表面基团、表面粗糙度对吸油性能的影响规律。Cui[147]、Dong[148]的研究表明，异形横截面形貌结构可拓展纤维与油的接触面积，增加对油剂的吸附能力。

目前，对天然纤维吸油性能的研究已日趋广泛，研究人员还对秸秆纤维[149]、法国梧桐果实纤维[150]和香蕉纤维[151]等天然纤维的吸油性能进行了研究，大大拓展了天然纤维在吸油领域的应用。

第2章的研究中，我们已证实萝藦绒纤维的中空度超过90%，且具有独特的十字花形截面结构，是典型的中空异形天然纤维。另外，该纤维表面具有优异的疏水亲油特性，可制作不同的纤维集合体，滴加在该纤维集合体表面的植物油可快速润湿并铺展。萝藦绒还具有轻质（纤维密度为$0.33g/cm^3$）、蓬松性，若开发出吸油材料，可方便收集，便于重复利用，可避免二次污染。

综上所述，萝藦绒具有高中空度、异形横截面形貌、表面疏水亲油等特征，是潜在的天然吸油材料。本章开展萝藦绒吸油及其油水分离方面的研究，是对萝藦绒纤维的深度利用与开发，也将拓展天然吸油材料资源，为原油泄漏等事故造成的水体污染提供一种经济、绿色和高效的解决方案；本研究还可为其他天然中空异形纤维及生物质材料的应用与功能开发提供实验借鉴。

3.2 实验部分

3.2.1 实验材料及仪器

本章所涉及主要实验材料及仪器分别见表3-1和表3-2，所选用油剂性能参数见表3-3。

表 3-1　实验材料

序号	药品	规格	生产厂家
1	萝藦绒	—	马鞍山腾谊有限公司
2	植物油	市售	金龙鱼粮油食品股份有限公司

序号	药品	规格	生产厂家
3	0 号柴油	市售	中国石油化工集团有限公司
4	机油	市售	美国美孚埃克森石油有限公司
5	胭脂红	分析纯	阿拉丁试剂公司
6	亚甲基蓝	分析纯	阿拉丁试剂公司

表 3-2　实验仪器

序号	设备名称	型号	生产厂家
1	恒温震荡水浴锅	SHA–CA 型	常州市中贝仪器有限公司
2	纤维成像与识别系统	—	上海东华大学
3	分析天平	FA2104 型	上海精科天美有限公司
4	真空循环抽滤泵	SHB–3 型	上海豫康科教仪器设备有限公司
5	真空干燥箱	DZF–6020 型	上海金三发科学仪器有限公司
6	接触角测量仪	SDC–200	东莞市晟鼎精密仪器有限公司

表 3-3　选用油剂的参数指标 [（20±0.5）℃]

样品	密度 /(g·cm^{-3})	黏度 /(mPa·s)	表面能 /(mN·m^{-1})
植物油	0.92	62.81	33.48
机油	0.84	31.36	31.22
柴油	0.83	6.50	27.76

3.2.2　测试方法

3.2.2.1　实验油剂的性能参数

采用表面张力仪对实验油剂密度及表面能进行测量；同时通过数字旋转黏度计对油剂的黏度进行测定。测试条件为：温度25℃，三号转子，转速30r/min。

3.2.2.2　纤维亲油性能测试

采用不同油剂对纤维表面润湿性进行静态接触角表征，具体方法为：将纤维粉末黏附于胶面，并平整压附于玻璃片上，用针头向纤维层滴加待测液体，滴液量为5μL，利用仪器配备电荷耦合器件（CCD）相机捕获静态接触角图像，采集时间间隔为0.1s。

3.2.2.3 纤维吸油性能测试

（1）油剂静态吸附性能[152]。称取0.5g干燥萝藦绒，使其处于自然蓬松状态，将其按压完全浸没于油剂并开始计时，浸没不同时间，取出吸油纤维平铺于已知质量的金属滤网（50目）中，在自然重力作用下沥干2min，并称重，根据式（3-1）计算吸油倍率。在同一条件下重复三次实验，结果取平均值。

$$Q = \frac{M_1 - M_0}{0.5} \qquad (3-1)$$

式中：M_0——滤网质量，g；

$\quad\quad M_1$——沥干2min后吸油纤维及滤网总质量，g；

$\quad\quad Q$——萝藦绒吸油倍率，g/g。

（2）纤维保油性能。将吸附饱和的萝藦绒平铺于已知质量的金属滤网（50目）中，在自然重力作用下沥干2min后开始计时，并间隔一定时间称金属滤网及吸油纤维总质量，直至12h，根据下式计算各阶段萝藦纤维的保油倍率，并利用纤维识别与成像系统观察纤维保油状态。

$$W = \frac{M_t - M_0}{0.5g} \qquad (3-2)$$

式中：M_0——滤网质量，g；

$\quad\quad M_t$——t时间点吸油纤维及滤网总质量，g；

$\quad\quad W$——萝藦绒保油倍率，g/g。

（3）重复吸油性能[146]。采用机械压缩方式，将吸油饱和萝藦绒平铺于滤网上沥干，后经活塞挤压至吸油倍率（残余吸油倍率）为4~6.5g/g，取出挤压后的纤维置于油剂中，搅拌蓬松并吸油至饱和状态，计算复用纤维饱和吸油倍率，重复吸油后采用纤维识别成像系统观察纤维形态。

（4）油水分离测试。称取2g干燥纤维轻铺于漏斗表面，过程中减少挤压避免将纤维压实；配置油水比为1∶1的混合液100mL，缓慢倒入三角漏斗并收集滤液，待过滤完全后，采用分液漏斗分液并量取水、油体积，将吸附油剂与过滤前油剂体积比定义为油相分离效率[153]（图3-1）。

$$\eta = \frac{V_0 - V_n}{V_0} \times 100\% \qquad (3\text{-}3)$$

式中：V_0——初始油相体积，mL；

V_n——过滤n次后流过纤维吸附层并收集的油相体积，mL；

$V_0 - V_n$——纤维层吸附油相体积，mL；

η——油相分离效率。

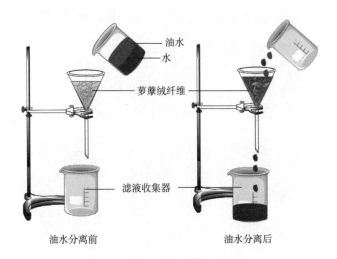

图3-1 油水分离操作及效果图

3.3 结果与分析

3.3.1 亲油性能分析

如图3-2（a）所示，三种油剂均可在纤维表面迅速铺展，大约在0.4s内将纤维完全润湿，其静态接触角均为0°，亲油性优异。实验还采用移液枪分别将5μL的植物油、机油、柴油滴到纤维表面，捕捉了油滴滴落30s时的液滴形貌，三种油剂已完全被纤维吸收。经油红O染色的氯仿与超纯水混合后静置，将萝藦绒球投放到混合液中，染色氯仿可被纤维完全吸收，此时超纯水的体积未减少，如图3-2（b）所示。同样经油红O染色的植物油与超纯水混合后静置，将萝藦绒球投放到混合液中，染色植物油也可被纤维完全吸收，且超纯水的体积未发生变化，如图3-2（c）所示。本实验充分证明了萝藦纤维具有优异的亲油性能以及对不同密度油剂的选择吸附性能。

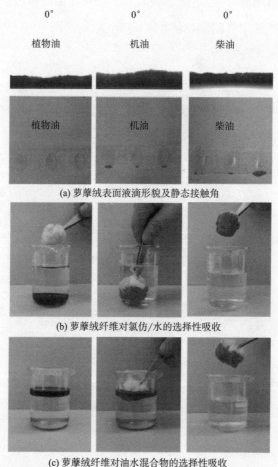

(a) 萝藦绒表面液滴形貌及静态接触角

(b) 萝藦绒纤维对氯仿/水的选择性吸收

(c) 萝藦绒纤维对油水混合物的选择性吸收

图 3-2　萝藦绒纤维的亲油性能分析

3.3.2　吸油倍率与吸油速率曲线分析

由图3-3（a）可知，前5min内，纤维对三种油剂的吸附速率较快，吸附量均达到饱和吸附量的95%以上，表明前5min是纤维吸油的主要阶段；而5min后，纤维对三种油剂的吸附渐趋于饱和，仅用10min即达吸附平衡，其对植物油、机油和柴油的饱和吸油倍率分别为81.52g/g、77.62g/g和

57.22g/g，其吸附能力优于文献报道的木棉纤维以及改性木棉纤维[154-155]。

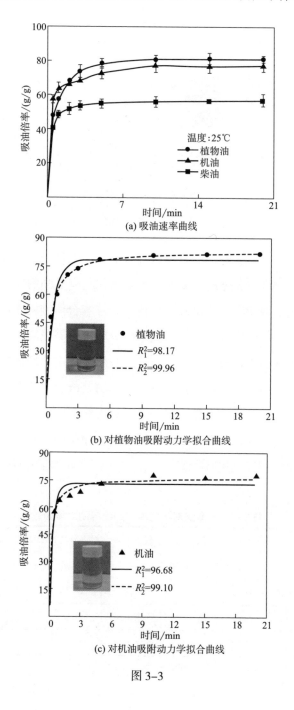

(a) 吸油速率曲线

(b) 对植物油吸附动力学拟合曲线

(c) 对机油吸附动力学拟合曲线

图 3-3

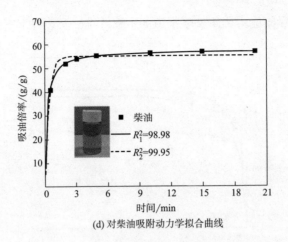

(d) 对柴油吸附动力学拟合曲线

图 3-3 吸油速率曲线及吸油动力学拟合曲线

　　油剂的黏度、表面能差异是导致纤维对不同油剂产生不同吸油倍率的主要原因[65]。纤维对黏度高、表面能大的油剂具有更高的吸油倍率。本研究表明，得益于萝藦种毛纤维中空结构，纤维集合体结构蓬松，故纤维具有极高的吸油、储油空间，对不同油剂均表现出较高吸附量。吸附初始阶段，柴油与机油由于拥有更低的表面能，吸附过程中有较低的能量屏障，比植物油更易于向纤维管状结构及缝隙中渗透，故吸附速率较快；随着吸附时间的延长，因植物油黏度更高，其与纤维吸附固着更为稳定，故吸油倍率较大。综上所述，天然萝藦种毛纤维吸油速率快、吸油倍率大，其对于低表面能油剂拥有更快吸附速率，并对高黏度油剂有更高的吸附量。

表 3-4　萝藦绒对不同油剂的吸附动力学参数

温度 /℃	油剂	准一级动力学方程			准二级动力学方程		
		Q_e/(g/g)	K_1/(min^{-1})	R_1^2	Q_e/(g/g)	K_2/(min^{-1})	R_2^2
25	植物油	78.52	1.60	98.17	83.59	0.03	99.90
	机油	73.09	2.78	96.68	76.56	0.07	99.10
	柴油	55.04	2.50	98.98	57.43	0.09	99.95

注　Q_e 为动力学方程所拟合的饱和吸油倍率；K_1 和 K_2 分别为对应动力学方程常数；R 为拟合系数。

基于萝藦绒吸油速率曲线，参照文献[156]所述方法对吸油过程进行动力学方程拟合，准一级动力学方程及准二级动力学方程如下。

$$\ln（Q_1-Q_t）=\ln Q_e-K_1 t \qquad （3-4）$$

$$\frac{t}{Q_t}=\frac{1}{K_2 Q_e}+\frac{t}{Q_e} \qquad （3-5）$$

式中：Q_e——平衡时吸附剂的吸附量，mg/g；

$\qquad Q_t$——t时刻吸附剂的吸附量，mg/g；

$\qquad K_1$——准一级吸附速率常数；

$\qquad K_2$——准二级吸附速率常数。

实验及计算结果如图3-3（b）~（d）及表3-4所示，其中，萝藦绒纤维对不同油剂吸附的准二级动力学方程的拟合系数达到0.99以上，同时其拟合的饱和吸油量分别为83.59g/g、76.56g/g和57.43g/g，与实验所测得的结果更为相近，这表明纤维的吸油速率曲线更符合准二级动力学方程。由此可推测，萝藦绒纤维的吸油进程是由纤维表面与纤维间隙的快速吸油，以及油剂向纤维中空结构的扩散与储油两个阶段构成。

3.3.3 保油性能分析

图3-4（a）所示为萝藦绒保油倍率随时间的变化趋势，其主要分为两个阶段。第一阶段，沥油1h内，纤维对所吸附的植物油、机油和柴油快速释放，此时保油率分别为84.3%、84.6%和74.3%，柴油释放速率显然更高；第二阶段，沥油1h后，纤维对柴油的吸附渐趋稳定，而对植物油与机油的保油倍率仍出现小幅降低直至4h后稳定，最终，纤维对植物油、机油和柴油12h保油倍率分别为79.1%、75.4%和72.0%。

结合图3-4（b）分析可知，由于纤维在相互连结处及纤维纵向凹槽结构为吸附油剂提供一定支撑力，故吸附大量油剂。由图3-4（c）可知，部分油剂吸附存储于纤维大空腔结构中，而毛细管压力的存在令此类油剂保存较为稳定。已有文献指出，纤维中空结构主要利于构建蓬松高间隙集合体结构，提供主要吸油空间，而纤维腔体结构的毛细效应也存在油剂吸附[143]，这与本实验现象一致。

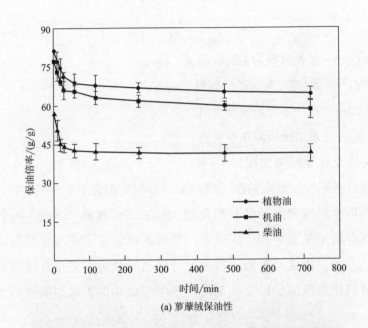

(a) 萝藦绒保油性

(b) 纤维间隙储油(×80)

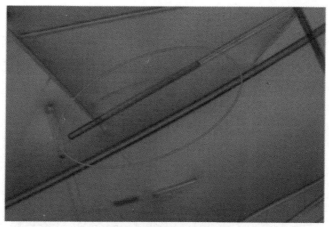

(c) 纤维空腔储油(×80)

图 3-4　萝藦绒保油性能

3.3.4　重复吸油性能分析

　　纤维在多次重复利用后的吸油能力是评价其吸油性能的关键，而采用机械压缩回收油剂方式在应用中最为便捷高效，同时避免了油剂污染，因此，本研究采用该方式回收油剂并考察纤维重复吸油性能。

　　如图3-5所示，多次重复吸油后，萝藦绒吸油倍率出现不同程度的降低。从总趋势来看，三种油剂在3次循环使用过程中吸油量下降明显，而后随着挤压、再吸附，纤维饱和吸油量并未发现明显降低。经8次重复使用后，其对植物油、机油和柴油的吸油倍率分别为62.46g/g、60.36g/g和45.36g/g，分别下降23.4%、22.2%和20.7%，可见纤维在重复利用后对植物油吸附性能接近机油，略差于柴油。仅以吸附倍率而言，循环使用8次萝藦绒吸油量仍高于部分高分子吸油材料[157]；而木棉纤维重复使用8次后吸油倍率仅达10g/g，不足最大吸附量的12.5%[158]，重复利用性能远低于萝藦绒纤维。

　　纤维重复利用后的形貌变化如图3-6所示，随着挤压次数增加，纤维发生扭曲、断裂、缠结，集合体结构更加紧凑，纤维间隙明显减少，直接导致了纤维集合体吸油能力的下降[159]。同时，重复吸油过程中可能造成纤维表面蜡质损失，进而导致复用纤维亲油性变差，重复吸油倍率降低。

但由图3-6（b）～（e）可知，一般的机械挤压尚未造成纤维中空结构的全面扁塌，可在重复吸油过程中通过一定搅拌作用使得蓬松集合体结构恢复，利于油剂进入[143]，而因纤维断裂扭曲所致的缠结作用的存在，是导致吸油倍率降低的主要原因。

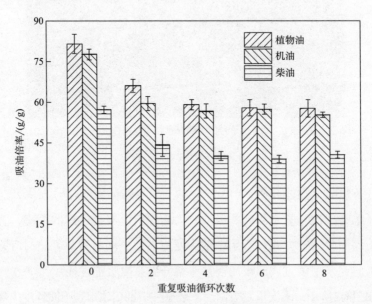

图 3-5　萝藦绒重复吸油性能分析

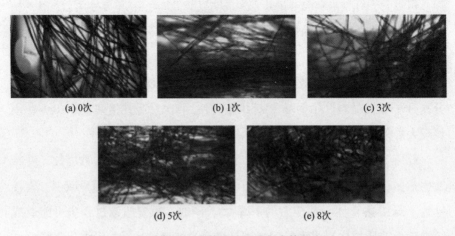

(a) 0次　　　　　　　(b) 1次　　　　　　　(c) 3次

(d) 5次　　　　　　　(e) 8次

图 3-6　不同重复吸油次数下的纤维集合体状态图（×40）

3.3.5 油水分离性能分析

严格而言，仅依靠纤维自身疏水性能尚难以实现油水乳液混合物分离，但针对分层油水分离也能体现萝藦绒对油剂的快速定向吸附性能。本研究以纤维为过滤层，将油水（分层状态）倒入纤维层，在重力作用下砂芯漏斗进行油水分离，结果见表3-5。

表 3-5 萝藦绒油水分离效率

分离次数	分离效率/%		
	植物油	机油	柴油
1	85.2	81.4	65.5
2	93.0	89.5	78.3
3	97.8	95.8	83.6
4	99.8	98.6	97.9

由表3-5可知，经1次分离，萝藦绒对植物油、机油、柴油的分离效率依次为85.2%、81.4%和65.5%；至分离4次后，萝藦绒对植物油的分离效果超过99.8%，同时萝藦绒对柴油的分离效率最低，但也达到了97.9%。上述结果表明，萝藦绒对于高黏度油剂的截留分离效果优于对低黏度油剂的截留分离效果。

油水分层体系下，油水先后透过纤维层是由于纤维对油有较好的亲和力，其提供吸附支撑力而克服重力作用，固定所吸附的油剂，在疏水作用和重力的协同作用下，水相沿着纤维间隙下落被收集。油水分离过程如图3-7所示，值得注意是，经亚甲基蓝染色的超纯水可快速通过纤维层，而植物油则被纤维层截流吸附，同时纤维层未有蓝色呈现，表明该纤维具有较高的油水分离效能。

图 3-7　纤维的油水分离状态图

3.4　本章小结

　　本章对萝藦绒的亲油疏水特性、吸油倍率、保油及重复吸油性能开展了研究。研究表明，该纤维可快速吸油，在较短时间内实现吸油平衡，其对于植物油、机油和柴油吸附10min后即达平衡，饱和吸油倍率分别为81.52g/g、77.62g/g和57.22g/g；在重力作用下静置沥干12h，因萝藦绒纤维集合体对油剂支撑作用和芯吸作用，其对植物油、机油和柴油保油率分别为79.1%、75.4%和72.0%；重复吸油3次内其吸油倍率下降较为明显，经8次吸油后其对植物油、机油和柴油的吸油倍率仍可分别达62.46g/g、60.36g/g和45.36g/g。在油水分离方面，该纤维对上述三种油剂均具有较高的油水分离效能，经4次吸油后分离效率均高于98%，可有效实现分离。综上所述，萝藦绒具有卓越的吸油性能，应用前景广阔。

第4章 萝藦绒活性炭纤维的制备与表征

4.1 引言

基于萝藦绒中空及疏水特性，对萝藦绒纤维吸油性能及油水分离性能进行探究，进而开发生物基吸油材料，是萝藦绒高值化开发的重要方向。此外，为进一步拓展纤维应用领域，本章将针对萝藦绒纤维结构特征及成分属性展开深层次研究。

ACFs具有高比表面积、丰富的活性基团和发达的孔隙结构等特点，是第三代炭吸附材料，因此具有吸附量大、吸附速度快、再生便捷和使用寿命长等优势，是一种理想的净水吸附材料[160-162]。早期制备活性炭纤维的前驱体主要有酚醛基、聚丙烯腈基、沥青基化学合成纤维以及黏胶基化学纤维[163-164]。随着石化资源日益枯竭，采用生物质资源，尤其采用伴生物类低值生物质资源制备ACFs已成为近年来的研究热点，棉[165]、竹[166]、木材[167]、麻[168]等纤维也被作为ACFs原料而广泛开发。

生物质资源产量丰富，价格低廉，以此为前驱体原料制备ACFs可变废为宝，大大降低ACFs的生产与使用成本。然而，生物质ACFs实现工业化应用的先决条件是拥有大吸附容量。受制于当前天然纤维的自身结构及活化工艺，目前多数生物质基活性炭的吸附性能尚难满足实际需要。尽管通过调整活化方式及工艺参数[169]、二次活化[170]或化学改性[171]等方法可一定程度上提升ACFs的吸附效率，但随之带来的是助剂成本和能耗的增加、工艺烦琐及ACFs产率下降等问题。

值得注意的是，鲜有基于材料学结构特征制备高效ACFs的研究，例如，中空结构的纤维具有内外两面，可有效活化面积大，吸附潜力大。然而，Huang[172]以中空木棉为原料制备ACFs，其比表面积仅为706~844m^2/g，对亚甲基蓝的吸附量也仅为174mg/g（298K）。本研究认为，这可能是其所采用的活化工艺未能发挥木棉中空结构特性，对高中空纤维高效活化的前提是复配高渗透性、低表面张力的活化液以便对纤维内表面进行充分活化[173]。因此，开发高效活化工艺，制备高比表面积、富含活性官能团的生物质基ACFs具有重要意义。

前期研究发现，萝藦绒是一种具有高中空结构的纤维素型纤维，其中，高中空结构纤维具有质轻和内外层双表面特征，而纤维素成分是重要的活化基材，因此萝藦绒是制备高吸附效能ACFs的理想前驱体。

综上所述，本章以萝藦绒为前驱体，经过预处理、活化、预氧化、炭化等工序制备生物质基ACFs，制备过程中，采用磷酸—渗透剂复配活化剂对纤维内外表面充分高效活化，并探讨炭化温度对活性炭纤维性能的影响，以制备具有多尺度孔隙结构、高比表面积、富含活性基团的高性能MACFs。

4.2　实验部分

4.2.1　实验材料及仪器

本章中所涉及的主要原料、试剂及仪器见表4-1、表4-2。

表 4-1　实验材料

序号	药品	规格	生产厂家
1	萝藦绒	—	马鞍山腾谊有限公司
2	氢氧化钠	分析纯	阿拉丁试剂公司

续表

序号	药品	规格	生产厂家
3	盐酸	分析纯	阿拉丁试剂公司
4	磷酸	分析纯	阿拉丁试剂公司
5	JFC-G	工业级	临沂市绿森化工有限公司

表 4-2　实验仪器

仪器名称	型号	生产厂家
表面张力仪	DCAT11 型	德国 Dataphysics 公司
扫描电子显微镜	S-4800 型	日本日立公司
接触角测量仪	SDC-200	东莞市晟鼎精密仪器有限公司
X 射线衍射仪	D8 系列	德国布鲁克公司
傅里叶变换红外光谱仪	Nicolet iS50	美国 ThermoNicolet 公司
纤维成像与识别系统	—	上海东华大学
拉曼光谱仪	Renishaw In Via 型	英国 Renishaw 公司
表面积及孔径分析仪	NOVA 2000e 型	美国 Quantachrome 公司
真空管式马弗炉	SK2 型	深圳市三利化学品有限公司

4.2.2　样品制备方法

将20g萝藦绒浸渍于500mL氢氧化钠溶液中（浓度为2.0g/L），并向其中滴加1.0mL渗透剂JFC-G，常温振荡处理24h以除去纤维表面的蜡质及水溶性杂质；随后，将去除蜡质的萝藦绒水洗至中性，并继续浸渍于体积浓度为30%的磷酸溶液及JFC-G的复配，活化处理12h，处理温度为25℃；将活化后的萝藦绒充分烘干，并放置于真空管式马弗炉中，在通空气条件下，以5℃/min加热速率加热至200℃，预氧化2h；随后抽真空，以相同的加热速率，升温至500~700℃，炭化70min，制得MACFs，并置于稀盐酸溶液（浓度为0.5~1mol/L）中于室温下浸泡1h，然后将活性炭纤维滤出并充分水洗，经40℃烘干并研磨以备测试及实验使用。

4.2.3 测试与表征

4.2.3.1 活性炭纤维亲水性测试

将活性炭纤维样品平铺于双面胶上，参照2.2.2.7描述方法，测试其与纯水的静态接触角。

4.2.3.2 活性炭纤维形貌及表面元素分布

参照2.2.2.4形貌分析内容，对MACFs样品进行扫描电镜观察，同时通过能谱仪检测N、P和O元素在MACFs表面的分布情况。

4.2.3.3 活性炭纤维红外结构

不同活性炭纤维红外光谱结构测试参照2.2.2.2红外光谱测试部分。

4.2.3.4 活性炭纤维聚集态结构

用X射线衍射仪测定MACFs聚集态结构，并与未活化炭纤维及萝藦绒原纤维进行对比，具体测试条件如2.2.2.2中X射线衍射测试部分。

为进一步分析MACFs的结构，采用拉曼光谱仪对MACFs样品进行扫描，具体测试条件为：扫描波长为514nm，扫描区间为$1200 \sim 1800 \text{cm}^{-1}$，输出功率为20mW。

4.2.3.5 活性炭纤维比表面积及孔径分布

将样品充分研磨，并用100目筛网筛取样品粉末，置于烘箱中充分烘干后采用比表面积及孔径分析仪进行分析，利用比表面积检测（BET）法由相对压力P/P_0=0.99时N_2吸附量计算总孔容，并通过介孔分析（BJH）方法分析孔径分布。

4.3 结果与分析

4.3.1 制备工艺流程

图4-1所示为MACFs制备工艺及路线图。首先采用氢氧化钠除去纤维表面蜡质及可溶性杂质，以便复配活化液同纤维充分接触，进而形成磷酸—纤维复合体；然后经高温炭化处理，在纤维表面形成多级微孔，并最

终形成MACFs。

天然萝藦绒具有典型的管状结构，表面光滑，呈乳白色，光泽度好；经过碱处理后，纤维表面蜡质去除，表面伴有少量刻蚀，纤维光泽度降低；经磷酸活化后，纤维表面呈乳白色，从其SEM图中可观察到，纤维表面覆盖着颗粒；经过预氧化和真空炭化后，纤维变成脆性黑色粉末，形貌被刻蚀，粗糙度明显增加。

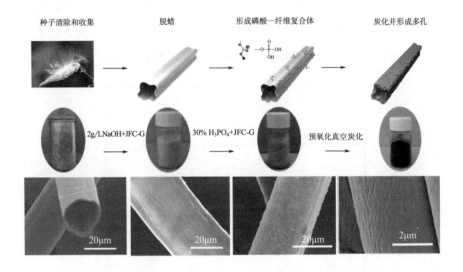

图 4-1　MACFs 制备工艺路线及各阶段形貌图

4.3.2　红外光谱分析及表面润湿性能分析

为证实磷酸活化处理对制备炭纤维性能的影响，本文制备了两种炭纤维，一种是萝藦绒未经磷酸活化，直接炭化制得的炭纤维，简称MCFs；与之对比的是，原纤维先经磷酸活化后再炭化，其他参数均相同，简称MACFs。两种不同纤维红外光谱图如图4-2所示。

由图4-2（a）红外光谱图所示，MACFs和MCFs在876cm^{-1}处的吸收信号对应芳环结构中C—H面外弯曲振动，表明两者均含有芳构化结构，是由高温炭化所致。除此之外，MCFs再无其他强烈的红外特征吸收峰，表明该纤维表面活性官能团含量较低或缺少活性官能团；相反，MACFs具有多组明显的红外特征吸收峰，其中1560cm⁻¹处的强烈吸收峰，归属于C＝C和C＝O伸缩振动，表明纤维芳环骨架结构中含有丰富的C＝O双键结构，1067cm⁻¹处的强烈吸收峰对应于C—O及O—P的伸缩振动，是由磷酸活化所致，同时MACFs在2900～3000cm⁻¹区间吸收信号增强，表明含有C—H键。综上表明，MACFs表面存在丰富的碳氧、碳氢、磷氧等活性官能团以及含有丰富的活泼双键结构，而图4-2（b）进一步证实上述红外分析所得的结论。由于MACFs表面富含的活性官能团赋予其优异的亲水性能，因此MACFs与纯水的静态接触角达33.5°，这将有利于其在水相中的分布；而MCFs为不含亲水基团的无机碳结构，因此表现为疏水性。

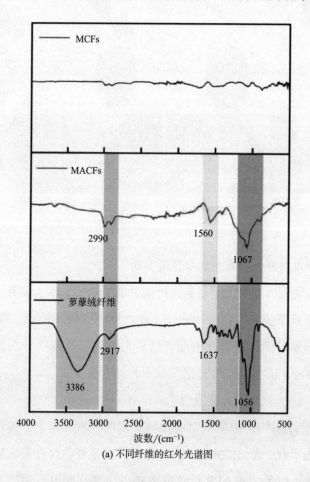

(a) 不同纤维的红外光谱图

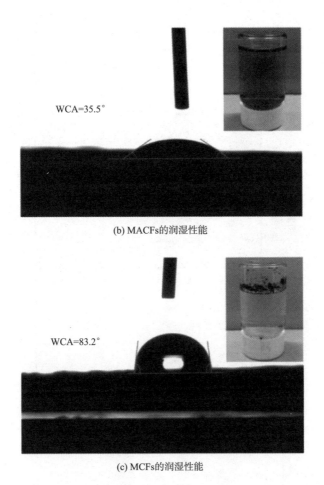

(b) MACFs的润湿性能

(c) MCFs的润湿性能

图 4-2　磷酸活化工艺对纤维红外结构及润湿性能的影响

4.3.3　聚集态结构分析

由图4-3（a）的XRD图谱可知，萝藦绒拥有典型的纤维素I_β结构。炭化后纤维的衍射峰型发生显著变化，其中MACFs中（002）晶型特征峰明显变宽，峰位右移，表现为典型的类石墨微晶细晶化结构的特征谱图，表明MACFs的聚集态结构为类石墨微晶细晶化结构[174]；与之对应的是，MCFs的衍射信号强度极低，类石墨微晶细晶化结构特征图谱不明显，推测其主体应为无机碳结构。同时，为进一步分析MACFs聚集态结构，本文采用拉曼光谱对其进行分析。如图4-3（b）所示MACFs的拉曼光谱呈双峰

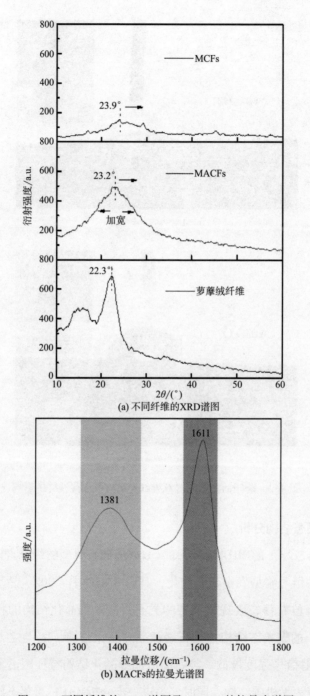

(a) 不同纤维的XRD谱图

(b) MACFs的拉曼光谱图

图4-3　不同纤维的 XRD 谱图及 MACFs 的拉曼光谱图

马鞍状，表明MACFs为类石墨碳结构，与XRD分析结果对应，其中1381cm^{-1}处出现的D峰，代表MACFs晶格存在缺陷，表明MACFs为石墨化无序材料；同时，MACFs在1611cm^{-1}处出现尖锐的强峰（G峰），进一步说明MACFs石墨化程度较高，且表现为细晶化结构[175]。

4.3.4 形貌及表面元素分布分析

图4-4（a）和（b）所示分别为MACFs内、外表面特征，由图可见，MACFs的外表面呈皲裂形貌，具有一定深度的裂纹，同时伴有空洞刻蚀，具有很高的粗糙度；纤维的内表面存在明显且均匀的刻蚀形貌，表面疏松，具有较高的比表面积。如图4-4（c）所示，MACFs呈中空管状结构，采用Image J方法测量并计算可得，MACFs壁平均厚度在0.25~0.33μm，中空度达90%以上，且横截面呈现类十字花形，保留了萝藦绒原纤维的截面形貌。相较于商用ACFs的实心纤维状或粒状结构[176-177]，本文制备的中空MACFs具有高度活化内外表面，原料利用率高，在形成高比表面积材料上具有优势。如图4-4（d）所示，制备的MACFs脆性大，经研磨处理极易形成疏松积炭状粉末，自然状态下粉末的密度为0.255g/cm^3，粉末平均粒径小于1μm，远低于文献报道中的商业活性炭的平均粒径[177]。如图4-4（e）~（g）所示EDS结果表明，MACFs表面存在N、P和O元素，由此可知MACFs表面可能存在部分酸性官能团，利于吸附阳离子染料。

4.3.5 比表面积及孔径分布分析

由图4-5可知，不同炭化温度下MACFs在不同P/P_0阶段氮气吸附量略有差别，但氮气吸附—解析曲线趋势相近，具备Ⅰ型和Ⅳ型部分特征，而从严格意义而言属于 IUPAC 分类中的某一类型。当P/P_0<0.01，MACF-500、MACF-600、MACF-700氮气吸附量分别为235cm^3/g、238cm^3/g和245cm^3/g，表明MACFs存在直径小于1nm的微孔，且炭化温度升高有利于微孔产生[178]；在P/P_0=0 ~ 0.43的低压区域，吸附等温线快速上升后变缓，近似Ⅰ型，表明由于MACFs表面大量微孔存在，这一阶段发生单分子层吸

附；当P/P_0=0.43~0.95，由于介孔存在，吸附过程转为多分子层吸附，且四种MACFs在该阶段吸附量较大，说明ACF含有较多介孔，同时，由毛细凝聚现象导致该阶段出现明显的"H"型滞后环进一步证实大量介孔的存在[179]；当P/P_0=0.95~1，四种MACFs吸附等温线均趋于平缓，说明大孔数量较少。结合不同MACFs的孔径分布，不同炭化温度下MACFs拥有相似孔径分布趋势，在2~50nm有着大量分布，在孔径大于50nm区段，BJH孔径分布曲线均趋于0，证实ACF具有发达的微孔和介孔结构，仅含有少量的大孔分布。

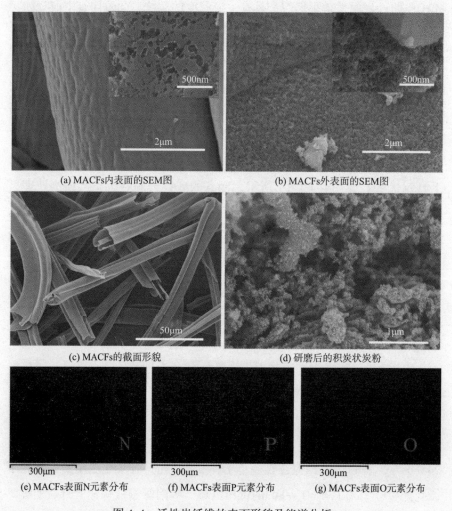

(a) MACFs内表面的SEM图　　　　(b) MACFs外表面的SEM图

(c) MACFs的截面形貌　　　　(d) 研磨后的积炭状炭粉

(e) MACFs表面N元素分布　(f) MACFs表面P元素分布　(g) MACFs表面O元素分布

图4-4　活性炭纤维的表面形貌及能谱分析

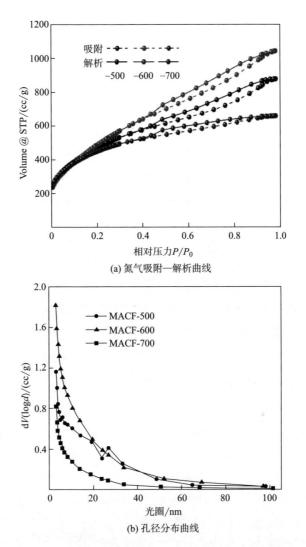

(a) 氮气吸附—解析曲线

(b) 孔径分布曲线

图 4-5 不同 MACFs 氮气吸附—解析曲线和孔径分布曲线

表 4-3 ACFs 比表面积和孔径（BET-BJH）分析相关参数

样品	产率 /%	比表面积 / （m²/g）	介孔孔容 / （cm³/g）	总孔容 / （cm³/g）	平均孔径 / nm
萝藦绒纤维	—	7.342	0.004	0.004	5.089
MACF-500	60.3	1882.003	0.703	1.357	3.056
MACF-600	54.6	1799.582	0.973	1.613	3.106
MACF-700	45.5	1533.681	0.353	1.018	3.097

由表4-3可知，原萝藦绒比表面积仅在7.342m²/g，但经磷酸活化、高温炭化后，MACFs比表面积均大于1500m²/g，总孔容大于1cm³/g，这意味着四种MACFs均具有发达的孔隙结构。但炭化温度对比表面积和总孔容的影响并未呈现一定的规律性，其比表面积依次为MACF-500>MACF-600> MACF-700℃，而总孔容及微孔比表面积则为MACF-600>MACF500>MACF700，这可能与磷酸活化纤维不同炭化过程中复杂的致孔机制有关。

同大多数活化剂作用机理相似，磷酸活化机理包括促进水解、催化脱水作用、促进纤维芳构化从而在高温条件下造孔[180]，但磷酸处理纤维形成复合体在热处理过程中，能够与萝藦绒纤维发生明显的交联（图4-6），这种交联作用发生在200℃，并在450℃时交联程度达到最大。众多文献表明，此类交联的存在极大地促进了纤维形成发达孔隙结构[181]，因此，MACF-500具有最大的比表面积。而随着炭化温度的升高，磷酸交联结构分解而导致孔隙收缩，而高温条件导致纤维与活化剂过度反应致使纤维结构坍塌导致MACF-600、MACF-700比表面积的降低。此外，高温条件下磷酸分解成P_2O_5，具有氧化刻蚀作用，有利于介孔形成，增加孔容[182]，故MACF-600具有最高孔容，而当炭化温度达到700℃，导致MACF-700过度炭化及刻蚀，孔隙结构破坏，比表面积及总孔容较MACF-500、MACF-600明显偏低。

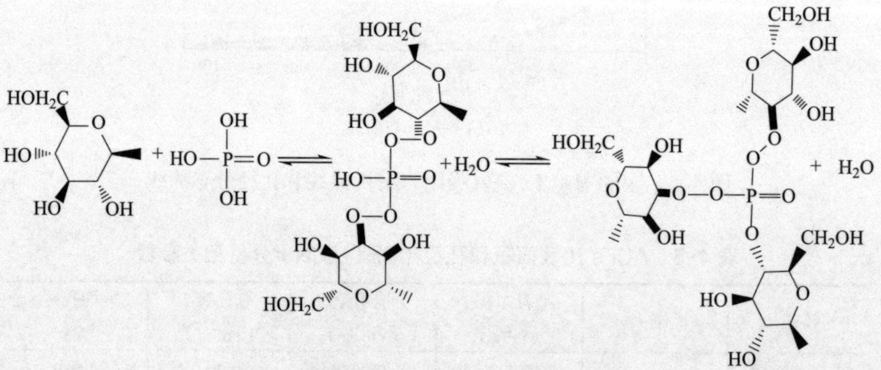

$$4H_3PO_4 \xrightarrow[>300℃]{-4H_2O} (HPO_3)_4 \xrightarrow[>500℃]{-2H_2O} 2P_2O_5$$

图 4-6　磷酸与纤维糖类分子交联反应及磷酸分解反应

4.4　本章小结

本章以天然中空萝藦绒为原料，采用磷酸活化和真空炭化工艺制备活性炭纤维，探讨了磷酸活化和不同炭化温度对炭纤维结构与性能的影响。结果显示，磷酸活化工序对于炭纤维性能影响显著，经活化、炭化MACFs表面保留多种活性官能团并具有优异亲水性能，其与纯水静态接触角仅为33.5°，可在水相中稳定分布。同时MACFs具有类石墨微晶化聚集态结构，为无序石墨化碳材料；而未经活化MCFs则无活性基团及石墨微晶化结构，亲水性差，为无机碳材料。此外，实验制备的MACFs具有高中空和低密度特征，其内外表面均粗糙且有孔隙分布。所制备的MACFs具有发达的介孔结构，其平均孔径多集中在3nm左右，其中，以MACF-600具有最高孔容，达1.613cm^3/g，比表面积随着炭化温度的升高而逐渐降低，分别为1882.003m^2/g（MACF-500）、1799.582m^2/g（MACF-600）和1533.681m^2/g（MACF-700）。

第5章 萝藦绒活性炭纤维吸附性能研究

5.1 引言

当前，纺织工业废水排放量巨大，而日益严苛的排放标准则进一步限制了纺织行业的发展。其中，印染废水作为主要的纺织工业废水排放源，具有排污量大、有机物含量高、色度深、降解难等特点，对后期水质净化处理造成巨大困扰[183-185]。尽管多种技术已经被广泛开发和应用于染料废水净化，如高级氧化法[186]、膜分离法[187]、电化学法[188]、光催化技术[189-190]和物理吸附法[191]等，但受制于净水效率、产业化难度和成本等因素，这些技术难以满足工业净水需求。ACFs作为一种第三代吸附炭材料具有高比表面积、丰富活性基团和发达的孔隙结构等特点，是一种理想的净水吸附材料[192-194]。ACFs吸附法因使用便捷、吸附效率高，被认为是最具竞争力的印染废水处理方法[195]。

目前，ACFs活化技术发展较为成熟，主要包括物理活化法（H_2O、CO_2等）、化学活化法（KOH、H_3PO_4、$ZnCl$等）及物理—化学耦合法三类[33]，其中，磷酸活化法因具有活化温度低（450~500℃）、易于保留活性官能团及形成发达孔隙等优势被广泛采用[180]。已有文献表明，磷酸活化法制备的ACFs具有优异的染料吸附性能并可应用于多种染料废液净化，包括亚甲基蓝[196-197]、甲基橙[198]、活性艳红X–3B[199]和活性艳蓝[200]等，具有工业化潜力[187]。

然而，上述活化技术所制备的ACFs的吸附性能仍相对较低。以对亚甲基蓝吸附量为例，普通ACFs的吸附量仅为100~200 mg/g，而高性能ACFs的吸附量多集中于200~500mg/g[116, 201-202]。因此，制备超高吸附量的生物质基ACFs对于ACFs用于印染废水净化具有重要意义。此外，考虑到工业印染废水成分的复杂性以及处理环境的多样性，研究ACFs在不同条件下对染料的吸附机制以及不同因素对吸附过程的影响规律对其实际应用性能具有重要的指导价值。

前文已经介绍了基于萝藦绒结构特征和成分特性设计的高性能ACFs的制备工艺，制备具有高比表面积、多孔结构特性和富含活性官能团的MACFs。源于染料废水净化的迫切需求，本章中主要以亚甲基蓝染液来模拟污染废水，系统研究MACFs对亚甲基蓝废液的吸附行为，通过动力学、热力学及吸附模型的综合分析掌握MACFs对亚甲基蓝的吸附机制，并进一步研究不同因素对吸附行为的影响规律；同时以MACFs为过滤层，探讨其对亚甲基蓝染液的动态过滤性能。此外，为进一步拓展MACFs的应用，本章初步考察MACFs对不同模拟染液废水的净化吸附性能，以期为绿色低成本MACFs的开发及其对染料废液吸附的应用提供支撑。

5.2 实验部分

5.2.1 实验材料及仪器

本章中所采用主要实验材料及相关仪器分别见表5-1和表5-2。

表 5-1 实验主要材料

序号	药品	规格	生产厂家
1	MACFs	—	自制
2	亚甲基蓝	分析纯	阿拉丁试剂有限公司
3	NaCl	分析纯	阿拉丁试剂有限公司
4	NaOH	分析纯	阿拉丁试剂有限公司
5	HCl	分析纯	阿拉丁试剂有限公司

表 5-2 实验主要仪器

序号	设备名称	型号	生产厂家
1	恒温振荡水浴锅	SHA-CA 型	常州市中贝仪器有限公司
2	紫外—可见分光光度计	Lambda 950 型	美国 PerkinElmer 公司
3	马尔文粒度分析仪	ZS 90 型	英国 Marvern 公司
4	真空循环抽滤泵	SHB-3 型	上海豫康科教仪器设备有限公司
5	真空干燥箱	DZF-6020 型	上海金三发科学仪器有限公司

5.2.2 实验方法

MACFs对亚甲基蓝吸附性测试过程如图5-1所示，分为静态振荡吸附和动态过滤吸附两部分。

5.2.2.1 静态振荡吸附

在静态振荡吸附实验中，将研磨的MACFs经100目金属镍网筛过滤后，取50mg倒入锥形瓶中，并向瓶中加入100mL已知浓度的亚甲基蓝溶液，封闭锥形瓶口并在常温水浴条件下进行吸附，并辅以120r/min的水平振荡，吸附处理后的亚甲基蓝溶液经0.45μm滤膜过滤吸附，取滤液稀释至合理倍数，采用残液吸光度法测试不同纤维对亚甲基蓝染料的吸附性能。

静态吸附实验中，分别探究电解质浓度（0、20g/L、40g/L、60g/L NaCl溶液）、温度（9℃、29℃、49℃）及pH（以稀氢氧化钠及盐酸调节pH分别至2、4、6、8、10、12）三个因素对MACFs吸附亚甲基蓝性能的影响。

5.2.2.2 动态过滤吸附

在动态过滤吸附实验中，将2.0g MACFs压制成直径为3.0cm、厚度为0.3cm的滤片，放置于抽滤瓶中，依次向漏斗中倒入亚甲基蓝染液，并重复5次（单次倒入体积为300mL，每次亚甲基蓝质量浓度均为90mg/L），溶液经抽滤通过该滤片后，测试滤液中亚甲基蓝的浓度。

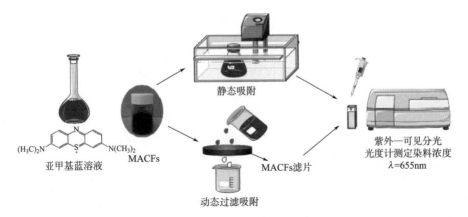

图 5-1　MACFs 的吸附性能测试

5.2.3　性能测试

5.2.3.1　吸附性能测试

将待测亚甲基蓝染液配置成不同浓度梯度，参照文献[196]的方法，采用紫外—可见分光光度计测定亚甲基蓝溶液的标准曲线，如图5-2所示。依据标准曲线可获得吸附处理前后溶液中所含亚甲基蓝的质量浓度，并计算不同纤维对亚甲基蓝染料的吸附能力。

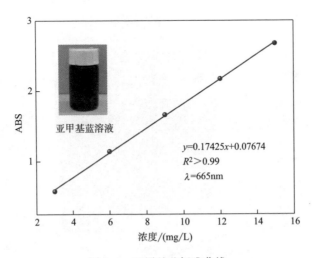

图 5-2　亚甲基蓝标准曲线

5.2.3.2 MACFs表面Zeta电位测试

将样品分散于超纯水中（超声波使之均匀分散），将分散体系调节至不同pH，用马尔文粒分析仪测试分散体系Zata电位值，测量3次取平均值。

5.3 结果与分析

5.3.1 炭化温度对饱和吸附性能的影响

为优选吸附性能最佳的MACFs，本文研究不同炭化温度所制备的MACFs对于亚甲基蓝的饱和吸附性能，其中吸附温度均为25℃，亚甲基蓝初始浓度为360mg/L，测试结果如图5-3所示。

由图5-3可知，不同炭化温度所制备的MACFs均具有较高的吸附量，其中以MACF-600吸附量最高，达685.25mg/g，其次为MACF-500和MACF-700。由4.3.5分析可知，MACF-500和MACF-600分别拥有最高比表面积和

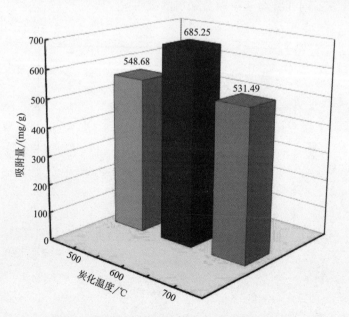

图 5-3 不同 MACFs 对亚甲基蓝饱和吸附性能

孔容，而MACF-600的饱和吸附量明显优于MACF-500的饱和吸附量，可见孔容对于MACFs的饱和吸附量提升更为重要。因此，基于MACF-600最优吸附表现，本文在后续研究中以MACF-600为例系统考察MACFs对亚甲基蓝染料的吸附机制。

5.3.2 吸附动力学研究

在静态吸附条件下，测定碱处理的萝藦绒和MACFs两种吸附材料对亚甲基蓝染液的吸附速率曲线，实验结果如图5-4所示。

由图5-4可知，30min内，碱处理萝藦绒纤维及MACFs吸附速率较快，随后曲线趋缓，吸附速率下降，直至4h后达到吸附平衡，此时MACFs对亚甲基蓝的吸附率高达98.9%，吸附后染料溶液澄清透明；而碱处理萝藦绒纤维的吸附率仅为43.02%，吸附效果较差。

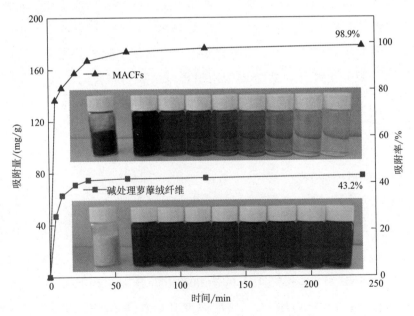

图 5-4　不同纤维对亚甲基蓝的吸附速率曲线

此外，对上述结果进行吸附动力学拟合，拟合方程如3.3.2部分的式（3-4）及式（3-5）所示。不同纤维维对亚甲基蓝吸附的动力学参数见表5-3。

表5-3　不同纤维对亚甲基蓝吸附的动力学参数

样品	饱和吸附量 / （mg/g）	准一级动力学方程拟合			准二级动力学方程拟合		
		Q_e/ （mg/g）	K_1/(cm^{-1})	R_1^2	Q_e/ （mg/g）	K_2/(cm^{-1})	R_2^2
碱处理萝藦绒纤维	77.434	75.575	0.185	0.976	79.953	0.004	0.964
MACFs	178.021	169.082	0.288	0.975	176.999	0.032	0.996

　　由表5-3可知，就MACFs而言，实验所采用的动力学方程对于其吸附行为都有较好的描述，表现为R_1^2和R_2^2均大于0.97，但准二级方程拟合系数更高，同时基于其计算理论平衡吸附量（176.999mg/g），与实验实际所测得饱和吸附量（178.021mg/g）更接近。因此，可以认为，MACFs对亚甲基蓝的吸附满足准二级动力学方程，这表明吸附过程中，包括亚甲基蓝染料分子在MACFs表面吸附过程以及染料颗粒向MACFs孔内扩散过程[203]。而碱处理萝藦绒纤维的吸附行为则更接近于准一级动力学模型。

5.3.3　吸附模型分析

　　图5-5（a）所示为亚甲基蓝染液初始浓度变化对MACFs吸附量的影响规律。可见，在实验所设定的浓度范围内，MACFs的饱和吸附量随染料初始浓度的增加而增加，直至染料初始浓度达1080mg/L，MACFs在5℃、15℃和25℃下的饱和吸附量分别达到797.645mg/g、851.652mg/g和888.097mg/g，表明温度升高有助于MACFs对染料的吸附。这是由于染料分子热运动加剧增强了与纤维活性位点的作用，同时MACFs的多孔结构在受热后发生膨胀也有助于MACFs对染料分子的吸附[204]。

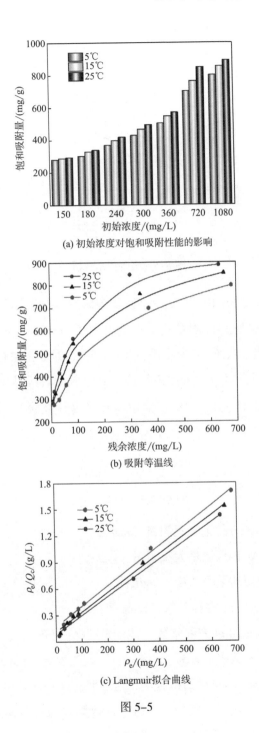

(a) 初始浓度对饱和吸附性能的影响

(b) 吸附等温线

(c) Langmuir拟合曲线

图 5-5

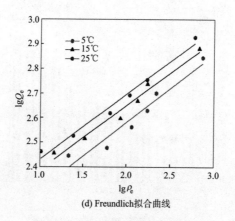

(d) Freundlich拟合曲线

图5-5　吸附模型分析

　　不同温度下，MACFs对亚甲基蓝的吸附等温线如图5-5（b）所示。同时，基于实验所得吸附数据，分别采用Langmuir［式（5-1）］和Frenundlich方程［式（5-2）］进行拟合分析，对数据进行线性化处理并绘制线性分析图，对吸附数据进行拟合并绘制两者线性拟合图，结果分别如图5-5（c）和（d）所示，依据拟合结果计算获取相关参数，并列于表5-4。

$$\frac{1}{Q_e} = \frac{1}{Q_{max}} + \frac{1}{K_L Q \rho_e} \qquad (5-1)$$

$$\lg Q_e = \lg K_F + \lg \rho_e \times \frac{1}{n_f} \qquad (5-2)$$

式中：Q_e——MACFs的饱和吸附量，mg/g；

　　　Q_{max}——MACFs理论最大吸附量，mg/g；

　　　ρ_e——染液的平衡浓度，mg/L；

　　　K_L——Langmuir方程常数，L/mg；

　　K_F，n——Freundlich方程常数，被认为同Q_{max}呈正相关。

　　由线性拟合系数R^2（表5-4）可知，不同温度下，Langmuir模型的拟合度均优于Freundlich模型的拟合度，这表明MACFs对亚甲基蓝吸附更符合Langmuir模型，接近于理想的单分子层吸附。通过该模型计算MACFs在不同温度下的Q_{max}，即Q_{max}分别为877.190（5℃）、909.091（15℃）

和943.372mg/g（25℃），而相关文献报道中这一数值一般仅为200~500mg/g[116, 201-202]。此外，基于Langmuir模型，常以分离因子R_L判断吸附反应难易程度，当$0<R_L<1$时，吸附易于发生；当$R_L>1$时，吸附很难发生；当$R_L=0$时，吸附不发生[205]。

表 5-4 Langmuir 和 Freundlich 吸附模型拟合参数

测试温度 / ℃	Langmuir			Freundlich		
	Q_{max}/(mg/g)	K_L	R^2	n	K_F	R^2
5℃	877.190	0.007	0.997	3.626	107.048	0.923
15℃	909.091	0.009	0.996	3.807	133.328	0.970
25℃	943.372	0.012	0.997	3.779	146.184	0.979

$$R_L = \frac{1}{1+Q\rho_o K_L} \qquad (5-3)$$

式中：ρ_0——亚甲基蓝染液最大初始浓度，mg/L（本文为1080mg/L）。

经计算，MACFs在5℃、15℃和25℃下的R_L值分别为0.117、0.093和0.072，表明MACFs在上述条件下的吸附过程均易于发生。同时，Langmuir拟合计算的理论饱和吸附量Q_{max}随着温度升高而增大[206]，这与本文实际实验结果一致。

5.3.4 吸附热力学分析

基于5.3.3吸附数据分析求得ΔG^0（kJ/mol）、ΔS^0（kJ/mol）和ΔH^0（kJ/mol）等热力学参数以研究ACFs对亚甲基蓝吸附热力学性能，计算式如下。

$$\ln K_d = \frac{\Delta S^0}{R} - \frac{\Delta H^0}{RT} \qquad (5-4)$$

$$K_d = \frac{\rho_{Ac}}{\rho_e} \qquad (5-5)$$

$$\Delta G^0 = \Delta H^0 - T\Delta S^0 \qquad (5-6)$$

式中：K_d——吸附反应的平衡常数；

　　R——热力学常数，其值为8.314J/（mol·K）；

　　ρ_{Ac}——吸附平衡时，被MACFs所吸附的染料浓度，mg/L；

　　ρ_e——吸附平衡后，残余染液的浓度，mg/L。

表5-5所示为MACFs对不同浓度亚甲基蓝的吸附热力学参数。可见，所有R^2值均高于0.998，表明热力学拟合结果具有较高置信度。由热力学参数结果可知，在上述温度及亚甲基蓝浓度中，吸附过程的$\Delta G^0<0$，表明上述吸附过程均属于自发过程，温度越高，初始染液浓度越低，这种自发吸附越易于进行；而$\Delta H^0>0$，进一步表明这种吸附是吸热反应，同温度呈正相关。同时，ΔH^0绝对值均小于80kJ/mol，则表示物理吸附过程占据主导[207]；$\Delta S^0>0$说明吸附过程亚甲基蓝体系混乱度增加，ACFs与染液分子在固—液界面接触的随机性增加[208]。

表5-5　MACFs 在不同条件下的吸附热力学参数

$\rho_0/$（mg/L）	温度 /℃	$\Delta G^0/$（kJ/mol）	$\Delta S^0/$［kJ/（K·mol）］	$\Delta H^0/$（kJ/mol）	R^2
150	5℃	−4.444	0.068	14.732	0.999
	15℃	−5.804			
	25℃	−7.164			
240	5℃	−1.187	0.052	13.477	0.999
	15℃	−2.227			
	25℃	−3.267			
300	5℃	−0.536	0.043	11.590	0.998
	15℃	−1.396			
	25℃	−2.256			

5.3.5　电解质浓度、溶液 pH 对饱和吸附量的影响

5.3.5.1　电解质浓度对饱和吸附量的影响

印染过程中，盐离子作为常用助剂而广泛使用，染液废水中常含有不

同浓度盐离子。为此，本研究以中性NaCl为电解质，在亚甲基蓝初始浓度均为240 mg/L的情况下，考察盐离子浓度对MACFs吸附亚甲基蓝过程的影响规律，实验结果如图5-6所示。

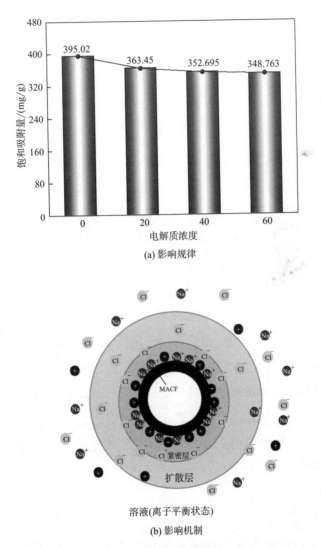

(a) 影响规律

(b) 影响机制

图 5-6　电解质浓度对 MACFs 饱和吸附性能的影响规律及机制

如图5-6（a）所示，中性电解质的存在不利于MACFs对亚甲基蓝的吸附，在初次添加NaCl时，这种抑制作用尤为明显，当电解质浓度持续增加，吸附抑制作用减弱。如图5-6（b）所示，基于双电子层理论，当染液中电解质浓度增大时，大量Cl⁻挤入双电层，MACFs双电层被压缩，整体电势减弱，静电引力减小，对染料的吸附能力下降[209]；同时，MACFs通过表面活性位点对亚甲基蓝进行吸附，但高浓度的Na^+会同染料形成竞争吸附。由于Na^+离子半径较小，其吸附引力较大，更易于占据MACFs表面数量有限的活性位点，因而导致饱和吸附量下降[210]。总体而言，电解质浓度对染料饱和吸附性能的影响有限。

5.3.5.2 溶液pH对饱和吸附量的影响

由于不同有机物的存在，染料废水呈现不同的pH，可能使MACFs对染液吸附过程产生重要潜在影响。因此，本部分探究MACFs在不同pH条件下对染量吸附性能的影响，实验结果如下。

由图5-7（a）可知，MACFs饱和吸附量随pH的增加而增加，而在酸性条件下增加速度更快。同时，当pH由强酸条件（pH=2）逐步转变为强碱条件（pH=12）时，MACFs对亚甲基蓝的吸附量随之升高，由336.215mg/g逐步上升到435.200mg/g，最大上升幅度可达29.44%，可见pH升高促进MACFs对亚甲基蓝的吸附。同时，对制备活性炭纤维的Zeta电位进行测试，结果表明，在pH为2.0~12.0的广域内，MACFs的电位值为负，Zeta电位绝对值随着溶液碱性的递增而逐渐增大，表明MACFs表面电负性增强，而亚甲基蓝染料在静电引力的作用下吸附到MACFs表面。因此，可以认为，酸性条件下MACFs对亚甲基蓝离子静电吸附力低于碱性条件下的吸附力，进而导致吸附量降低[211-212]。

5.3.6 动态过滤性能分析

动态过滤吸附的方式会大大增加MACFs的净水效率，同时拓展MACFs的应用形式，对MACFs商业化及工业化具有重要意义，但对MACFs的吸附效率要求较高。因此，本部分注重探讨以MACFs构建过滤层，探究其对染料过滤性能的影响。

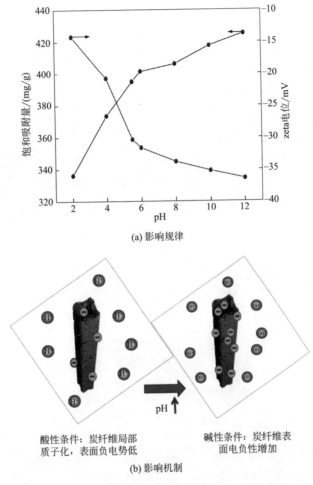

(a) 影响规律

酸性条件：炭纤维局部　　　　　碱性条件：炭纤维表
质子化，表面负电势低　　　　　面电负性增加

(b) 影响机制

图 5-7　pH 对 MACFs 饱和吸附性能的影响规律及机制

　　图5-8（a）所示为动态过滤吸附过程的实物展示图。由此可见，在抽滤条件下（抽滤速率为300mL/min），仅2g MACFs组成过滤层，在吸附过程中则表现出高效吸附性能，当对90 mg/L的高浓度亚甲基蓝溶液进行过滤后，溶液吸光度为0，表明染料分子被完全吸附，动态吸附率达到100%，由此可知，制备的MACFs具有优异的动态吸附性能。图5-8（b）所示为在相同条件下测试MACFs滤片重复过滤亚甲基蓝溶液的性能，重复过滤5次后（累计处理溶液1500 mL），染料去除率仍高达98.62%。

(a) 动态过滤效果

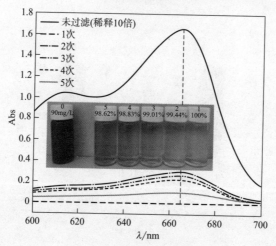

(b) MACFs对染料过滤性能的影响

图5-8 MACFs对染料的动态过滤效果及性能影响

5.3.7 活性炭纤维高效吸附性能机制分析

这里首先将MACFs对亚甲基蓝吸附性能同当前生物质基吸附剂进行横向对比[196, 202, 208, 213-221]，并基于工艺及原料结构分析MACFs具有高效吸附性能的机制。

如图5-9（a）所示，未经化学处理的天然纤维对亚甲基蓝吸附量较低，均在100 mg/g以下。而基于活化、炭化制备的生物质基活性炭材料具有多孔结构及表面活性，因此对亚甲基蓝具有较强的吸附性能。此外，通过对比发现，采用化学活化工艺所制备的活性炭（纤维）其吸附量更大，主要集中在300~500mg/g。而本研究制备的MACFs对亚甲基蓝吸附量理论可达943.372mg/g，明显优于上述生物质基吸附剂，同时MACFs兼具有吸附速率快的优势。本研究认为，MACFs具有强吸附性能的原因主要集中在以下三个方面。

（1）磷酸活化工艺优势。得益于磷酸的阻燃作用，避免了纤维素在高温条件下大量裂解，并通过酯化、交联等反应保留一定官能团；另外磷酸促进纤维素骨架结构芳构化，并形成类石墨微晶结构，产生了松散且多级分布的孔隙结构。如图5-9（b）所示，MACFs表面活性官能团使纤维表面呈电负性，通过静电引力实现染料吸附，而多孔结构为染料吸附提供固着场所。

（2）内外表面高效活化优势。本研究中，在萝藦绒表面蜡质去除以及磷酸活化工艺中均使用了JFC-G型高效渗透剂，有助于蜡质的完全去除，以及纤维的充分活化。如图5-9（c）所示，使用JFC-G渗透剂后，磷酸几乎填充了整个纤维中腔，保证了纤维内外双表面的充分活化；相比之下，未使用该渗透剂，磷酸尚不能充分填充中腔，无法实现内表面的有效活化。

（3）萝藦绒中空结构优势。本研究认为，萝藦绒高中空结构是MACFs具有高效吸附性能最为核心的因素。如图5-9（d）所示，中空纤维与实心纤维相比，具有内外表面，通过高渗性活化剂实现内外表面有效活化，可大大提高纤维利用率。同时，超薄纤维壁使纤维研磨后呈薄片状，使其更易于接触，因此有效比表面积更大。

综上所述，得益于原料中空结构和炭纤维内外表面高效活化，制备的低密度、高表面积MACFs增加了与染料的接触，由静电引力提供主要驱动力，染料分子得以吸附，而发达介孔和高孔容利于大量染料的吸附储存，三者是MACFs具有高效吸附性能的关键。

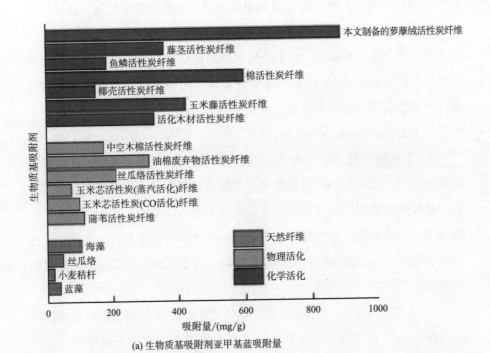

(a) 生物质基吸附剂亚甲基蓝吸附量

(b) 静电吸附染料分子

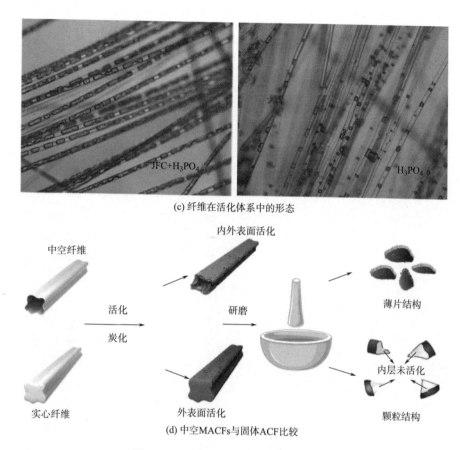

(c) 纤维在活化体系中的形态

(d) 中空MACFs与固体ACF比较

图 5-9　MACFs 高效吸附性能机理分析

5.4　本章小结

　　本研究所制备的中空MACFs对于亚甲基蓝有着极强的吸附性，而MACF-600的吸附效果最好，理论吸附量可达943.372mg/g；该吸附过程满足准二级动力学方程并符合Langmuir吸附模型；热力学结果表明，该吸附过程为自发吸热过程；同时实验发现该吸附过程以物理吸附为主，升高染液温度可以提高MACFs对亚甲基蓝的饱和吸附量；电解质浓度与pH对MACFs的饱和吸附性能有一定影响，其中，电解质浓度增加及pH降低均会通过降低MACFs对亚甲基蓝的静电引力，而抑制吸附的进行，致使

MACFs的饱和吸附量降低。由于高效的吸附能力，MACFs可实现对染料的过滤吸附。基于MACFs吸附量大、吸附速度快的特性，本研究认为其主要归因于萝藦绒原料的中空结构特性以及高渗性磷酸活化剂对纤维内外表面的高效活化。

第6章 结论与展望

6.1 结论

本研究围绕萝藦绒高值化利用展开。首先针对萝藦绒纤维成分、结构及各项基础性能展开分析，为该纤维的开发形式及相关工艺参数设定提供借鉴；基于纤维中空蓬松结构和高疏水的表面特性，将其应用于多种油剂的吸附，并利用其制备简单油水分离装置，展现出良好的吸附效果；针对萝藦绒高中空的结构特性，设计了高渗性活化工艺，并通过炭化加工制备MACFs，其具有发达的孔隙结构、高比表面积和高亲水性能等特点；将MACFs应用于亚甲基蓝废液的静态吸附及动态过滤，发现其具有高吸附容量和高吸附速度等优势，并对其吸附机制展开系统分析。本研究为生物质纤维高值化利用奠定了研究基础，具体实验结论如下。

（1）萝藦绒成分、结构及性能分析。萝藦绒是一种富含纤维素（53.9%）和半纤维素（28.51%）成分的天然纤维；形貌结构上，其具有高度中空（>90%）和异形截面的结构特性，长度集中分布于40~55mm，上述结构导致纤维轻质蓬松，密度仅为0.33g/cm^3；此外，纤维表面富含蜡质，疏水性优异，其与纯水的静态接触角可达105.4°，易于被有机溶剂润湿；在聚集态结构上，萝藦绒属纤维素I$_\beta$晶型，结晶度达67.3%。

（2）萝藦绒吸油及油水分离性能。表面蜡质赋予萝藦绒优异的亲油性能，中空轻质结构特性使萝藦绒具有巨大的储油空间，因此萝藦绒具有优异的吸油性能。具体表现为萝藦绒对高黏度油剂拥有较高吸油倍率和保油倍率，其对植物油、机油和柴油的饱和吸油倍率分别为81.52g/g、77.62g/g和57.22g/g；经12h重力沥干后，保油率均维持在70%以上，且油剂主要存储于纤维间隙和纤维空腔结构中；纤维经8次吸油后，对植物油、机油和柴油的吸油倍率仍可达62.46g/g、60.36g/g和45.36g/g。此外，萝藦绒可应用于油水分离，纤维对上述三种油剂均具有较高的油水分离效能，4次过滤后分离效率均高于98%。

（3）萝藦绒活性炭纤维制备工艺及性能。采用高渗性磷酸活化工艺可实现萝藦绒纤维内外表面的有效活化，经磷酸活化工艺后MACFs保留了丰富的活性官能团，使MACFs具有优异的亲水性能，其与纯水的静态接触角仅为33.5°；同时，磷酸活化工艺可有效促进炭纤维晶型向着类石墨微晶细晶化结构转变，有利于孔隙结构的生成。因此，本文所制备的MACFs具有中空管状结构，其内外表面均粗糙且有孔隙分布；MACFs表面分布有N、O、P元素，研磨后呈积炭状，密度为0.33g/cm^3，可在水相中稳定分布；MACFs具有发达介孔结构，其平均孔径多集中在3nm左右，其最高比表面积和孔容分别为1882.003m^2/g（MACF-500）和1.613cm^3/g（MACF-600）。

（4）萝藦绒活性炭纤维对亚甲基蓝的吸附性能及机制。MACFs对亚甲基蓝拥有极强吸附能力，且MACF-600的吸附效果最优，其理论饱和吸附量高达943.372mg/g，这一吸附过程属于自发吸热过程，并满足准二级动力学方程，符合Langmuir吸附模型；升高染液温度可以提高MACFs对亚甲基蓝的饱和吸附量；酸性条件及高电解质浓度可降低MACFs对亚甲基蓝的静电引力，抑制吸附，而碱性条件则利于吸附的进行，但溶液pH及电解质浓度对亚甲基蓝吸附量的影响程度均小于20%。动态吸附实验中，MACFs可实现对高浓度（90mg/L）亚甲基蓝溶液100%的吸附。MACFs高效吸附机制在于萝藦绒具有高中空结构优势且依托于高渗性活化剂可实现内外表面的有效活化，另外，磷酸活化保留了活性官能团也增加其对亚甲基蓝的吸附引力。

6.2 展望

本研究通过对萝藦绒结构和性能的分析，初步确定了两大应用方向：一是，将天然萝藦绒应用于油剂吸附与分离；二是，制备MACFs并应用于染料吸附。研究结果论证了萝藦绒及MACFs优异的吸附性能和应用性能。但受制于时间和客观条件，本研究仍存在部分亟待解决与完善的问题。首先，在探究萝藦绒吸油性能过程中，未探讨萝藦绒集合体密度、吸附温度等条件对吸油性能的影响；其次，该部分以萝藦绒散纤维形式直接应用于吸油处理，未通过处理加工工艺制备萝藦绒絮片、非织造布等拓展其应用形式；再次，未对萝藦绒对混合油剂的吸附效果进行讨论分析。在MACFs制备及应用过程中，仅以亚甲基蓝作为模拟废液，考虑到印染废水成分的复杂性，应进一步分析其对于活性染料、分散染料、直接染料及多元混合染料的吸附性能。同时，有鉴于所制备的MACFs高比表面积及多级孔隙结构特性，期待基于萝藦绒开发超级电容器电极材料，进一步拓宽其应用领域。

因此，寄希望于在未来萝藦绒高值化研究中，对上述问题开展进一步分析研究。同时，希望研究人员可以基于萝藦绒结构及性能进行多元化材料开发，以推动萝藦绒资源化，有效解决现实问题。

参考文献

［1］罗伟，杨万泰. 可再生资源基生物质材料的研究进展［J］. 高分子通报，2013（4）：40-45.

［2］WANG J, QIAN W, HE Y, et al. Reutilization of discarded biomass for preparing functional polymer materials［J］. Waste Management，2017，65（9）：11-21.

［3］HUANG J, HUANG G, AN C J, et al. Performance of ceramic disk filter coated with nano ZnO for removing Escherichia coli from water in small rural and remote communities of developing regions［J］. Environmental Pollution，2018，238：52-62.

［4］WANG Z, YANG H, XING J, et al. Robust color fastness of dyed silk fibroin film by coupling modification dyeing with aniline diazonium salt［J］. Journal of Polymer Materials，2019，36（2）：147-157.

［5］宋湛谦. 生物质资源与林产化工［J］. 林产化学与工业，2005，25（B10）：10-14.

［6］YANG H, WANG Z, LIU Z, et al. Continuous, strong, porous silk firoin-based aerogel fibers toward textile thermal insulation［J］. Polymers，2019，11（11）：1899.

［7］DONG T, XU G, WANG F. Adsorption and adhesiveness of kapok fiber to different oils［J］. Journal of Hazardous Materials，2015，296：101-111.

［8］夏金健，徐宝山，马信龙，等. 仿生可降解 PCL-PLGA 纤维支架负载人脐带间充质干细胞构建组织工程纤维环［J］. 天津医药，2019（6）：58-63.

［9］SWATLOSKI R P, SPEAR S K, HOLBREY J D, et al. Dissolution of cellose with ionic liquids [J]. Journal of the American Chemical Society, 2002, 124 (18): 4974-4975.

[10] RAGHUWANSHI V S, COHEN Y, GARNIER G, et al. Cellulose dissolution in ionic liquid: Ion binding revealed by neutron scattering [J]. Macromolecules, 2018, 51 (19): 7649-7655.

[11] GHASEMI M, TSIANOU M, ALEXANDRIDIS P. Assessment of solvents for cellulose dissolution [J]. Bioresource Technology, 2017, 228: 330-338.

[12] CAI J, ZHANG L, LIU S, et al. Dynamic self-assembly induced rapid dissolution of cellulose at low temperatures [J]. Macromolecules, 2008, 41 (23): 9345-9351.

[13] DIZGE N, SHAULSKY E, KARANIKOLA V. Electrospun cellulose nanofibers for superhydrophobic and oleophobic membranes [J]. Journal of Membrane Science, 2019, 590: 117271.

[14] WANG Z, YANG H, ZHU Z. Study on the blends of silk fibroin and sodium alginate: Hydrogen bond formation, structure and properties [J]. Polymer, 2019, 163: 144-153.

[15] ZHENG T, LI A, LI Z, et al. Mechanical reinforcement of a cellulose aerogel with nanocrystalline cellulose as reinforcer [J]. RSC Advances, 2017, 7 (55): 34461-34465.

[16] WAY A E, HSU L, SHANMUGANATHAN K, et al. pH-responsive cellulose nanocrystal gels and nanocomposites [J]. ACS Macro Letters, 2012, 1 (8): 1001-1006.

[17] LI V C F, DUNN C K, ZHANG Z, et al. Direct ink write (DIW) 3D printed cellulose nanocrystal aerogel structures [J]. Scientific Reports, 2017, 7 (1): 1-8.

[18] BEARD J D, EICHHORN S J. Highly porous thermoplastic composite and carbon aerogel from cellulose nanocrystals [J]. Materials Letters,

2018, 221: 248-251.

[19] ZHANG T, YUAN D, GUO Q, et al. Preparation of a renewable biomass carbon aerogel reinforced with sisal for oil spillage clean-up: Inspired by green leaves to green Tofu [J]. Food and Bioproducts Processing, 2019, 114: 154-162.

[20] LIU Y, PENG Y, ZHANG T, et al. Superhydrophobic, ultralight and flexible biomass carbon aerogels derived from sisal fibers for highly efficient oil-water separation [J]. Cellulose, 2018, 25 (5): 3067-3078.

[21] CHEN H, WANG X, LI J, et al. Cotton derived carbonaceous aerogels for the efficient removal of organic pollutants and heavy metal ions [J]. Journal of Materials Chemistry A, 2015, 3 (11): 6073-6081.

[22] YANG S, CHEN L, MU L, et al. Low cost carbon fiber aerogel derived from bamboo for the adsorption of oils and organic solvents with excellent performances [J]. RSC Advances, 2015, 5 (48): 38470-38478.

[23] CHEN H, CHENG R, ZHAO X, et al. An injectable self-healing coordinative hydrogel with antibacterial and angiogenic properties for diabetic skin wound repair [J]. NPG Asia Materials, 2019, 11 (1): 1-12.

[24] KADOKAWA J, MURAKAMI M, KANEKO Y. A facile preparation of gel materials from a solution of cellulose in ionic liquid [J]. Carbohydrate Research, 2008, 343 (4): 769-772.

[25] YANG J Y, ZHOU X S, FANG J. Synthesis and characterization of temperature sensitive hemicellulose-based hydrogels [J]. Carbohydrate Polymers, 2011, 86 (3): 1113-1117.

[26] 杜海顺, 刘超, 张苗苗, 等. 纳米纤维素的制备及产业化 [J]. 化学进展, 2018, 216 (4): 133-147.

[27] 张思航, 付润芳, 董立琴, 等. 纳米纤维素的制备及其复合材料的

应用研究进展［J］. 中国造纸，2017（1）: 67-74.

［28］DAI L，CHENG T，DUAN C，et al. 3D printing using plant-derived cellulose and its derivatives : A review［J］. Carbohydrate Polymers，2019，203: 71-86.

［29］KONG W，WANG C，JIA C，et al. Muscle-inspired highly anisotropic，strong，ion-conductive hydrogels［J］. Advanced Materials，2018，30（39）: 1801934.

［30］ZHANG M，SONG L，JIANG H，et al. Biomass based hydrogel as an adsorbent for the fast removal of heavy metal ions from aqueous solutions［J］. Journal of Materials Chemistry A，2017，5（7）: 3434-3446.

［31］TREESUPPHARAT W，ROJANAPANTHU P，SIANGSANOH C，et al. Synthesis and characterization of bacterial cellulose and gelatin-based hydrogel composites for drug-delivery systems［J］. Biotechnology Reports，2017，15: 84-91.

［32］HUANG W，WANG Y，HUANG Z，et al. On-demand dissolvable self-healing hydrogel based on carboxymethyl chitosan and cellulose nanocrystal for deep partial thickness burn wound healing［J］. ACS Applied Materials & Interfaces，2018，10（48）: 41076-41088.

［33］隋泽华，江泽鹏，张均，等. 植物基活性炭前驱体及制备方法研究进展［J］. 化工新型材料，2018，46: 6.

［34］JIANG L，SHENG L，FAN Z. Biomass-derived carbon materials with structural diversities and their applications in energy storage［J］. Science China Materials，2018，61（2）: 133-158.

［35］LIU J，ZHANG S，JIN C，et al. Effect of swelling pretreatment on properties of cellulose-based hydrochar［J］. ACS Sustainable Chemistry & Engineering，2019，7（12）: 10821-10829.

［36］卢清杰，周仕强，陈明鹏，等. 生物质碳材料及其研究进展［J］. 功能材料，2019，50（6）: 6028-6037.

[37] KANDASAMY S K, KANDASAMY K. Recent advances in electrochemical performances of graphene composite (graphene-polyaniline/polypyrrole/activated carbon/carbon nanotube) electrode materials for supercapacitor: A review [J]. Journal of Inorganic and Organometallic Polymers and Materials, 2018, 28 (3): 559-584.

[38] UKANWA K S, PATCHIGOLLA K, SAKRABANI R, et al. A review of chemicals to produce activated carbon from agricultural waste biomass [J]. Sustainability, 2019, 11 (22): 6204.

[39] ZHANG Z, CANO Z P, LUO D, et al. Rational design of tailored porous carbon-based materials for CO_2 capture [J]. Journal of Materials Chemistry A, 2019, 7 (37): 20985-21003.

[40] 胡鹏, 汪茂林, 李月, 等. 萝藦化学成分的研究 [J]. 中成药, 2017, 39 (11): 2316-2318.

[41] WANG D C, SUN S H, SHI L N, et al. Chemical composition, antibacterial and antioxidant activity of the essential oils of Metaplexis japonica and their antibacterial components [J]. International Journal of Food Science & Technology, 2015, 50 (2): 449-457.

[42] JAMARKATTEL-PANDIT N, KIM H. Neuroprotective effects of Metaplexis japonica against in vitro ischemia model [J]. Journal of Health and Allied Sciences, 2013, 3: 51-55.

[43] 倪阳, 叶益萍. 萝藦科植物中 C_{21} 甾体苷的分布及其药理活性研究进展 [J]. 中草药, 2010, 41 (1): 162-164.

[44] YAO H L, LIU Y, LIU X H, et al. Metajapogenins A-C, pegnane steroids from shells of metaplexis japonica [J]. Molecules, 2017, 22 (4): 1-8.

[45] 刘威, 李嘉, 杜宁, 等. 鲜萝藦提取物抗癌作用的实验病理学观察 [J]. 实用中医内科杂志, 2006, 20 (3): 251-251.

[46] 贾琳, 郭斌. 萝藦多糖粗提物对免疫抑制小鼠免疫器官及淋巴细胞

增值影响的初步研究［J］. 辽宁医学院学报，2011，32（5）：400-402.

［47］郭新雪，张洪亭. 萝藦果实纤维的结构与性能［J］. 轻纺工业与技术，2016，45（2）：9-10.

［48］王宗乾，臧腾，徐奇，等. 萝藦绒纤维的基础性能测试与分析［J］. 化工新型材料，2016（4）：190-192.

［49］GE J，ZHAO H Y，ZHU H W，et al. Advanced sorbents for oil-spill cleanup：Recent advances and future perspectives［J］. Advanced Materials，2016，28（47）：10459-10490.

［50］DOSHI B，SILLANPÄÄ M，KALLIOLA S. A review of bio-based materials for oil spill treatment［J］. Water Research，2018，135：262-277.

［51］YUAN X，CHUNG T C M. Novel solution to oil spill recovery：Using thermodegradable polyolefin oil superabsorbent polymer（Oil-SAP）［J］. Energy & Fuels，2012，26（8）：4896-4902.

［52］HUBBE M A，ROJAS O J，FINGAS M，et al. Cellulosic substrates for removal of pollutants from aqueous systems：A Review［J］. BioResources，2013，8（2）：3038-3097.

［53］SAYED S A，EL SAYED A S，ZAYED A M. Removal of oil spills from salt water by magnesium，calcium carbonates and oxides［J］. Journal of Applied Sciences and Environmental Management，2004，8（1）：71-79.

［54］PAVIA-SANDERS A，ZHANG S，FLORES J A，et al. Robust magnetic/polymer hybrid nanoparticles designed for crude oil entrapment and recovery in aqueous environments［J］. ACS Nano，2013，7（9）：7552-7561.

［55］LI J，XU C，GUO C，et al. Underoil superhydrophilic desert sand layer for efficient gravity-directed water-in-oil emulsions separation with high flux［J］. Journal of Materials Chemistry A，2018，6（1）：223-230.

［56］ZHU Q，PAN Q. Mussel-inspired direct immobilization of nanoparticles and application for oil-water separation［J］. ACS Nano，2014，8（2）：1402-1409.

［57］SIDIRAS D，BATZIAS F，KONSTANTINOU I，et al. Simulation of autohydrolysis effect on adsorptivity of wheat straw in the case of oil spill cleaning［J］. Chemical Engineering Research and Design，2014，92（9）：1781-1791.

［58］THUE P S，ADEBAYO M A，LIMA E C，et al. Preparation，characterization and application of microwave-assisted activated carbons from wood chips for removal of phenol from aqueous solution［J］. Journal of Molecular Liquids，2016，223：1067-1080.

［59］WANG Z，YANG H，LI Y，et al. Robust silk fibroin/graphene oxide aerogel fiber for radiative heating textiles［J］. ACS Applied Materials & Interfaces 2020：doi：10. 1021/acsami. 0c01330.

［60］YUE X，ZHANG T，YANG D，et al. Janus ZnO-cellulose/MnO$_2$ hybrid membranes with asymmetric wettability for highly-efficient emulsion separations［J］. Cellulose，2018，25（10）：5951-5965.

［61］LI Z，ZHONG L，ZHANG T，et al. Sustainable，flexible，and superhydrophobic functionalized cellulose aerogel for selective and versatile oil/water separation［J］. ACS Sustainable Chemistry & Engineering，2019，7（11）：9984-9994.

［62］杨浩，陈琪，阎杰，等. 纤维素基吸油材料的研究进展［J］. 仲恺农业工程学院学报，2019，32（1）：53-58.

［63］巫龙辉，卢生昌，林新兴，等. 纤维素基超疏水材料的研究进展［J］. 林产化学与工业，2016，36（6）：119-126.

［64］NINE M J，KABIRI S，SUMONA A K，et al. Superhydrophobic/ superoleophilic natural fibres for continuous oil-water separation and interfacial dye-adsorption ［J］. Separation and Purification Technology, 2020, 233: 116062.

［65］ DONG T, CAO S, XU G. Highly porous oil sorbent based on hollow fibers as the interceptor for oil on static and running water ［J］. Journal of Hazardous Materials, 2016, 305: 1-7.

［66］舒艳, 李科林, 李芸, 等. 狭叶香蒲绒纤维对油的吸附与机理 ［J］. 环境工程学报, 2016, 6: 2947-2954.

［67］赵振国. 接触角及其在表面化学研究中的应用 ［J］. 化学研究与应用, 2000, 12（4）: 370-374.

［68］ DOSHI B, SILLANPÄÄ M, KALLIOLA S. A review of bio-based materials for oil spill treatment ［J］. Water Research, 2018, 135: 262-277.

［69］ WAHI R, CHUAH L A, CHOONG T S Y, et al. Oil removal from aqueous state by natural fibrous sorbent: An overview ［J］. Separation and Purification Technology, 2013, 113: 51-63.

［70］肖信彤, 余云祥, 徐思, 等. 生物质海绵基 ACFs 制备研究 ［J］. 武汉理工大学学报, 2012, 34（7）: 67-71.

［71］王勋, 曾丹林, 陈诗渊, 等. 生物质活性炭的研究进展 ［J］. 化工新型材料, 2018, 46: 6.

［72］刘振宇. PAN 基活性炭纤维研究及展望 ［J］. 化工进展, 1998, 1: 18-21.

［73］ FOO K Y, HAMEED B H. Utilization of biodiesel waste as a renewable resource for activated carbon: Application to environmental problems ［J］. Renewable & Sustainable Energy Reviews, 13（9）: 2495-2504.

［74］余少英. 油茶果壳活性炭的制备及其对苯酚的吸附 ［J］. 应用化工, 2010, 39（6）: 823-826.

［75］ LI Z, JIA Z, NI T, et al. Adsorption of methylene blue on natural cotton based flexible carbon fiber aerogels activated by novel air-limited carbonization method ［J］. Journal of Molecular Liquids，2017，242.

［76］荣达，周美华. 木棉基 ACFs 吸附性能的研究［J］. 环境工程学报，2009，3（8）: 77–82.

［77］SHI J W, CUI H J, CHEN J W, et al. TiO$_2$/activated carbon fibers photocatalyst : Effects of coating procedures on the microstructure, adhesion property, and photocatalytic ability［J］. Journal of Colloid & Interface Science，2012，388（1）: 201–208.

［78］HUANG Y, ZHAO G. Preparation and characterization of activated carbon fibers from liquefied wood by KOH activation［J］. Holzforschung，2016，70（3）: 195–202.

［79］ZHAO Y, FANG F, XIAO H M, et al. Preparation of pore–size controllable activated carbon fibers from bamboo fibers with superior performance for xenon storage［J］. Chemical Engineering Journal，2015，270: 528–534.

［80］GONZALEZ P G, PLIEGO–CUERVO Y B. Physicochemical and microtextural characterization of activated carbons produced from water steam activation of three bamboo species［J］. Journal of Analytical & Applied Pyrolysis，2013，99（1）: 32–39，56.

［81］GUO J X, SHU S, LIU X L, et al. Influence of Fe loadings on desulfurization performance of activated carbon treated by nitric acid［J］. Environmental Technology，2017，38（3）: 266–276.

［82］ALI I, ASIM M, KHAN T A. Low cost adsorbents for the removal of organic pollutants from wastewater［J］. Journal of Environmental Management，2012，113: 170–183.

［83］WAN, MOHD, ASHRI, et al. The effects of carbonization temperature on pore development in palm–shell–based activated carbon［J］. Carbon，2000，38: 1925–1932.

［84］IOANNIDOU O, ZABANIOTOU A. Agricultural residues as precursors for activated carbon production : A review [J]. Renewable and Sustainable Energy Reviews, 2007, 11 (9): 1966-2005.

[85] 隋泽华, 江泽鹏, 张均, 等. 植物基活性炭前驱体及制备方法研究进展 [J]. 化工新型材料, 2018 (6): 31-34.

[86] NCIBI M C, RANGUIN R, PINTOR M J, et al. Preparation and characterization of chemically activated carbons derived from Mediterranean Posidonia oceanica (L.) fibres [J]. Journal of Analytical & Applied Pyrolysis, 2014, 109: 205-214.

[87] GALHETAS M, MESTRE A S, PINTO, MOISÉS L, et al. Chars from gasification of coal and pine activated with K_2CO_3: Acetaminophen and caffeine adsorption from aqueous solutions [J]. Journal of Colloid and Interface Science, 2014, 433: 94-103.

[88] 陆振能, 卜宪标, 王令宝, 等. 炭化活化温度对活性炭 –$CaCl_2$ 复合吸附剂性能的影响 [J]. 新能源进展, 2014 (4): 305-309.

[89] RAMIREZMONTOYA L A, HERNANDEZMONTOYA V, MONTESMORAN M A, et al. Correlation between mesopore volume of carbon supports and the immobilization of laccase from Trametes versicolor for the decolorization of Acid Orange 7 [J]. Journal of Environmental Management, 2015, 162 (162): 206-214.

[90] SINGH J, BHUNIA H, BASU S. Adsorption of CO_2 on KOH activated carbon adsorbents : Effect of different mass ratios [J]. Journal of Environmental Management, 2019, 250: 109457.

[91] DEMIRAL I, AYDIN ŞAMDAN C, DEMIRAL H. Production and characterization of activated carbons from pumpkin seed shell by chemical activation with $ZnCl_2$ [J]. Desalination and Water Treatment, 2016, 57 (6): 2446-2454.

[92] 左宋林. 磷酸活化法活性炭孔隙结构的调控机制 [J]. 新型炭材料, 2017, 33 (4): 289-302.

［93］张会平，叶李艺，杨立春. 磷酸活化法制备木质活性炭研究［J］. 林产化学与工业，2017（4）：51–54.

［94］LIN G，JIANG J，WU K，et al. Effects of heat pretreatment during impregnation on the preparation of activated carbon from Chinese fir wood by phosphoric acid activation［J］. BioEnergy Research，2013，6（4）：1237–1242.

［95］MARSH H，REINOSO F R. Activated Carbon［M］. Amsterdam：Elsevier，2006.

［96］SALVADOR F，SÁNCHEZ–MONTERO M J，IZQUIERDO C. C/H_2O reaction under supercritical conditions and their repercussions in the preparationof activated carbon［J］. Journal of Physical Chemistry C，2007，111（37）：14011–14020.

［97］胡立鹃，吴峰，彭善枝，等. 生物质活性炭的制备及应用进展［J］. 化学通报，2016，79（3）：205–212.

［98］AHMED M J. Application of agricultural based activated carbons by microwave and conventional activations for basic dye adsorption［J］. Journal of Environmental Chemical Engineering，2016，4（1）：89–99.

［99］WANG Y，XIAO Q，LIU J，et al. Pilot–scale study of sludge pretreatment by microwave and sludge reduction based on lysis–cryptic growth［J］. Bioresource Technology，2015，190：140–147.

［100］YU Y，YU J，SUN B，et al. Influence of catalyst types on the microwave–induced pyrolysis of sewage sludge［J］. Journal of Analytical and Applied Pyrolysis，2014，106：86–91.

［101］肖乐勤，陈霜艳，周伟良. 改性活性炭纤维对重金属离子的动态吸附研究［J］. 环境工程，2011（S1）：289–293.

［102］PARK C，LEE M，LEE B，et al. Biodegradation and biosorption for decolorization of synthetic dyes by Funalia trogii［J］. Biochemical Engineering Journal，2007，36（1）：59–65.

［103］HASSAN M F, SABRI M A, FAZAL H, et al. Recent trends in activated carbon fibers production from various precursors and applications: A comparative review［J］. Journal of Analytical and Applied Pyrolysis, 2019: 104715.

［104］AHMAD M A, ALROZI R. Removal of malachite green dye from aqueous solution using rambutan peel−based activated carbon: Equilibrium, kinetic and thermodynamic studies［J］. Chemical Engineering Journal, 2011, 171（2）: 510–516.

［105］周逸如, 杨智联, 舒雨霞, 等. 酚醛基活性炭纤维的制备及其对亚甲基蓝染料溶液的吸附性能研究［J］. 产业用纺织品, 2019, 37（10）: 7–14.

［106］毛肖娟, 席琛, 文朝霞, 等. 活性炭纤维吸附性能的研究新进展［J］. 材料导报, 2016, 30（7）: 52–56, 76.

［107］缪宏超, 陈远洋, 赵连英, 等. 负载氧化物的羊毛活性炭对模拟染料废水吸附效果［J］. 纺织学报, 2017, 38（2）: 146–151.

［108］DEMIRAL H, DEMIRAL I, TÜMSEK F, et al. Adsorption of chromium（VI）from aqueous solution by activated carbon derived from olive bagasse and applicability of different adsorption models［J］. Chemical Engineering Journal, 2008, 144（2）: 188–196.

［109］RANGEL−MENDEZ J R, STREAT M. Adsorption of cadmium by activated carbon cloth: Influence of surface oxidation and solution pH［J］. Water Research, 2002, 36（5）: 1244–1252.

［110］AGUAYO−VILLARREAL I A, BONILLA−PETRICIOLET A, MUÑIZ−VALENCIA R. Preparation of activated carbons from pecan nutshell and their application in the antagonistic adsorption of heavy metal ions［J］. Journal of Molecular Liquids, 2017, 230: 686–695.

［111］FATEHI M H, SHAYEGAN J, ZABIHI M, et al. Functionalized magnetic nanoparticles supported on activated carbon for adsorption of Pb（Ⅱ）and Cr（Ⅵ）ions from saline solutions［J］. Journal of Environmental Chemical Engineering，2017，5（2）: 1754–1762.

［112］肖信彤，许丹，陈卓，等. 生物质海绵基活性炭纤维吸附苯酚性能研究［J］. 工业水处理，2014，34（4）: 22–25.

［113］DOSREIS G S, ADEBAYO M A, SAMPAIO C H, et al. Removal of phenolic compounds from aqueous solutions using sludge–based activated carbons prepared by conventional heating and microwave–assisted pyrolysis［J］. Water, Air & Soil Pollution, 2017, 228（1）: 33.

［114］黄宇翔，于文吉，赵广杰. KOH 活化木质碳纤维的孔隙结构及其成孔机理［J］. 林业工程学报，2018，3（2）: 82–87.

［115］刘斌，顾洁，屠扬艳，等. 梧桐叶活性炭对不同极性酚类物质的吸附［J］. 环境科学研究，2014，27（1）: 92–98.

［116］ABER S, KHATAEE A, SHEYDAEI M. Optimization of activated carbon fiber preparation from Kenaf using K_2HPO_4 as chemical activator for adsorption of phenolic compounds［J］. Bioresource Technology, 2009, 100（24）: 6586–6591.

［117］AHMED M J. Adsorption of quinolone, tetracycline, and penicillin antibiotics from aqueous solution using activated carbons［J］. Environmental Toxicology and Pharmacology, 2017, 50: 1–10.

［118］YU F, LI Y, HAN S, et al. Adsorptive removal of antibiotics from aqueous solution using carbon materials［J］. Chemosphere, 2016, 153: 365–385.

［119］吴梦，张大超，徐师，等. 废水除磷工艺技术研究进展［J］. 有色金属科学与工程，2019，10（2）: 97–103.

［120］徐建华，孙亚兵，冯景伟，等. 两种形态的活性炭纤维对水中敌草隆吸附性能的对比［J］. 环境科学学报，2021，32（1）: 6.

［121］WANG Z Q, WANG D F, WANG M R, et al. Metaplexis japonica

seed hair fiber: a member of natural hollow fibers and its characterization
［J］. Textile Research Journal, 2019, 89（21-22）: 4363-4372.

［122］储长流, 赵堃, 毕松梅, 等. 芒果种子茎须的成分分析及芒果纤维
性能［J］. 安徽工程大学学报, 2012, 27（4）: 29-31.

［123］ZHANG P P, TONG D S, LIN C X, et al. Effects of acid treatments on
bamboo cellulose nanocrystals［J］. Asia-Pacific Journal of Chemical
Engineering, 2015, 9（5）: 686-695.

［124］沈银姣, 崔运花, 钱震扬. 何首乌藤纤维的结构及其物理性能
［J］. 纺织学报, 2014, 35（3）: 6-12.

［125］李晓峰. 苎麻纤维半制品水分测定的相关分析［J］. 纺织学报,
2000, 38（1）: 27-30, 3.

［126］肖红, 于伟东, 施楣梧. 木棉纤维的基本结构和性能［J］. 纺织学
报, 2005, 26（4）: 4-6.

［127］LIM T, HUANG X. Evaluation of hydrophobicity/oleophilicity of kapok
and its performance in oily water filtration: Comparison of raw and
solvent-treated fibers［J］. Industrial Crops & Products, 2007, 26
（2）: 125-134.

［128］JASMANI L, ADNAN S. Preparation and characterization of
nanocrystalline cellulose from Acacia mangium and its reinforcement
potential［J］. Carbohydrate Polymers, 2017, 161: 166-171.

［129］COLOM X, CARRILLO F. Crystallinity changes in lyocell and viscose-
type fibres by caustic treatment［J］. European Polymer Journal,
2002, 38（11）: 2225-2230.

［130］廖瑞金, 朱孟兆, 严家明, 等. 纤维素 I_β 晶体热力学性质的分子
动力学研究［J］. 化学学报, 2011, 69（2）: 163-168.

［131］LIUBARTSEVA S, DE DOMINICIS M, ODDO P, et al. Oil spill
hazard from dispersal of oil along shipping lanes in the Southern Adriatic
and Northern Ionian Seas［J］. Marine Pollution Bulletin, 2015, 90

（1-2）：259-272.

［132］PAQUIN P R，MCGRATH J，FANELLI C J，et al. The aquatic hazard of hydrocarbon liquids and gases and the modulating role of pressure on dissolved gas and oil toxicity［J］. Marine Pollution Bulletin，2018，133：930-942.

［133］BEJARANO A C. Critical review and analysis of aquatic toxicity data on oil spill dispersants［J］. Environmental Toxicology and Chemistry，2018，37（12）：2989-3001.

［134］YANG H，WANG Z，WANG M，et al. Structure and properties of silk fibroin aerogels prepared by non-alkali degumming process［J］. Polymer，2020：122298.

［135］HE J，ZHAO H，LI X，et al. Superelastic and superhydrophobic bacterial cellulose/silica aerogels with hierarchical cellular structure for oil absorption and recovery［J］. Journal of Hazardous Materials，2018，346：199-207.

［136］SHIU R F，LEE C L，HSIEH P Y，et al. Superhydrophobic graphene-based sponge as a novel sorbent for crude oil removal under various environmental conditions［J］. Chemosphere，2018，207：110-117.

［137］XU Z，WANG J，LI H，et al. Coating sponge with multifunctional and porous metal-organic framework for oil spill remediation［J］. Chemical Engineering Journal，2019，370：1181-1187.

［138］GE J，WANG F，YIN X，et al. Polybenzoxazine-functionalized melamine sponges with enhanced selective capillarity for efficient oil spill cleanup［J］. ACS Applied Materials & Interfaces，2018，10（46）：40274-40285.

［139］CHENG Y，HE G，BARRAS A，et al. One-step immersion for fabrication of superhydrophobic/superoleophilic carbon felts with fire resistance：fast separation and removal of oil from water［J］. Chemical

Engineering Journal, 2018, 331: 372–382.

[140] WANG Z, WANG D. Metaplexis japonica seed hair fiber: An efficient oil–absorbing and oil–water separation fiber [J]. Cellulose, 2020, 27: 2427–2435.

[141] 王邓峰, 王宗乾, 范祥雨, 等. 天然中空异形萝藦种毛纤维的吸油及油水分离性能 [J]. 纺织学报, 2020, 41 (4): 26–32.

[142] HORI K, FLAVIER M E, KUGA S, et al. Excellent oil absorbent kapok [Ceiba pentandra (L.) Gaertn.] fiber: Fiber structure, chemical characteristics, and application [J]. Journal of Wood Science, 2000, 46 (5): 401–404.

[143] ABDULLAH M A, RAHMAH A U, MAN Z. Physicochemical and sorption characteristics of Malaysian Ceiba pentandra (L.) Gaertn. as a natural oil sorbent [J]. Journal of Hazardous Materials, 2010, 177 (1–3): 683–691.

[144] WANG J, ZHENG Y, WANG A. Effect of kapok fiber treated with various solvents on oil absorbency [J]. Industrial Crops and Products, 2012, 40 (6): 178–184.

[145] WANG J, ZHENG Y, WANG A. Preparation and oil absorbency of kapok–g–butyl methacrylate [J]. Environmental Technology, 2018, 39 (9): 1089–1095.

[146] ZHANG X, WANG C, CHAI W, et al. Fabrication of superhydrop–hobic kapok fiber using CeO$_2$ and octadecyltrimethoxysilane [J]. Environmental Engineering Science, 2018, 35 (7): 696–702.

[147] CUI Y, XU G, LIU Y. Oil sorption mechanism and capability of cattail fiber assembly [J]. Journal of Industrial Textiles, 2014, 43 (3): 330–337.

[148] DONG T, XU G, WANG F. Oil spill cleanup by structured natural sorbents made from cattail fibers [J]. Industrial Crops and Products,

2015, 76: 25–33.

[149] WANG Z, SALEEM J, BARFORD J P, et al. Preparation and characterization of modified rice husks by biological delignification and acetylation for oil spill cleanup [J]. Environmental Technology, 2018, 75: 1–12.

[150] YANG L, WANG Z, LI X, et al. Hydrophobic modification of platanus fruit fibers as natural hollow fibrous sorbents for oil spill cleanup [J]. Water, Air, & Soil Pollution, 2016, 227 (9): 346.

[151] TELI M D, VALIA S P. Grafting of butyl acrylate on to banana fibers for improved oil absorption [J]. Journal of Natural Fibers, 2016, 13 (4): 470–476.

[152] WANG J, ZHENG Y, WANG A. Effect of kapok fiber treated with various solvents on oil absorbency [J]. Industrial Crops and Products, 2012, 40 (6): 178–184.

[153] LIANG J, ZHOU Y, JIABNG G, et al. Transformation of hydrophilic cotton fabrics into superhydrophobic surfaces for oil/water separation [J]. Journal of the Textile Institute, 2013, 104 (3): 305–311.

[154] ZHANG X Y, WANG C Q, CHAI W B, et al. Kapok fiber as a natural source for fabrication of oil absorbent [J]. Journal of Chemical Technology & Biotechnology, 2017, 92 (7): 1613–1619.

[155] RUANB Y P, LI W, HOU L X, et al. Research of high oil–absorption materials [J]. Polymer Bulletin, 2013 (5): 1–8.

[156] TAN K L, HAMEED B H. Insight into the adsorption kinetics models for the removal of contaminants from aqueous solutions [J]. Journal of the Taiwan Institute of Chemical Engineers, 2017, 74: 25–48.

[157] MU L, YANG S, HAO B, et al. Ternary silicone sponge with enhanced mechanical properties for oil–water separation [J]. Polymer Chemistry, 2015, 6 (32): 5869–5875.

[158] ZHENG Y, CAO E, TU L, et al. A comparative study for oil-absorbing performance of octadecyltrichlorosilane treated Calotropis gigantea fiber and kapok fiber [J]. Cellulose, 2017, 24 (1-2): 1-12.

[159] DONG T, WANG F, XU G. Theoretical and experimental study on the oil sorption behavior of kapok assemblies [J]. Industrial Crops & Products, 2014, 61: 325-330.

[160] RAFATULLAH M, SULAIMAN O, HASHIM R, et al. Adsorption of methylene blue on low-cost adsorbents : A review [J]. Journal of Hazardous Materials, 2010, 177 (1/2/3): 70-80.

[161] JIANG N, CHEN J Y, PARIKH D V. Acoustical evaluation of carbonized and activated cotton nonwovens [J]. Bioresource Technology, 2009, 100 (24): 6533-6536.

[162] LI H, YANG P, XUE H, et al. Preparation and characterization of activated carbon from cotton woven waste with potassium hydroxide [J]. Fine Chemicals, 2018, 35 (1): 174-180.

[163] ZAINI M A A, AMANO Y, MACHIDA M. Adsorption of heavy metals onto activated carbons derived from polyacrylonitrile fiber [J]. Journal of Hazardous Materials, 2010, 180 (1-3): 552-560.

[164] GIANNAKOUDAKIS D A, KYZAS G Z, AVRANAS A, et al. Multi-parametric adsorption effects of the reactive dye removal with commercial activated carbons [J]. Journal of Molecular Liquids, 2016, 213: 381-389.

[165] TIAN D, XU Z, ZHANG D, et al. Micro-mesoporous carbon from cotton waste activated by $FeCl_3/ZnCl_2$: Preparation, optimization, characterization and adsorption of methylene blue and eriochrome black T [J]. Journal of Solid State Chemistry, 2019, 269: 580-587.

[166] PENG X, HU F, LAM F L Y, et al. Adsorption behavior and

mechanisms of ciprofloxacin from aqueous solution by ordered mesoporous carbon and bamboo-based carbon [J]. Journal of Colloid and Interface Science, 2015, 460: 349-360.

[167] HUANG Y, MA E, ZHAO G. Preparation of liquefied wood-based activated carbon fibers by different activation methods for methylene blue adsorption [J]. RSC Advances, 2015, 5 (86): 70287-70296.

[168] DIZBAY-ONAT M, FLOYD E, VAIDYA U K, et al. Applicability of industrial sisal fiber waste derived activated carbon for the adsorption of volatile organic compounds (VOCs) [J]. Fibers and Polymers, 2018, 19 (4): 805-811.

[169] TIAN D, XU Z, ZHANG D, et al. Micro-mesoporous carbon from cotton waste activated by $FeCl_3/ZnCl_2$: Preparation, optimization, characterization and adsorption of methylene blue and eriochrome black T [J]. Journal of Solid State Chemistry, 2019, 269: 580-587.

[170] BAI B C, KIM E A, LEE C W, et al. Effects of surface chemical properties of activated carbon fibers modified by liquid oxidation for CO_2 adsorption [J]. Applied Surface Science, 2015, 353: 158-164.

[171] JIANG B, ZHENG J, LU X, et al. Degradation of organic dye by pulsed discharge non-thermal plasma technology assisted with modified activated carbon fibers [J]. Chemical Engineering Journal, 2013, 215: 969-978.

[172] HWANG K J, PARK J Y, KIM Y J, et al. Adsorption behavior of dyestuffs on hollow activated carbon fiber from biomass [J]. Separation Science and Technology, 2015, 50 (12): 1757-1767.

[173] WANG D F, WANG Z Q, ZHENG X H, et al. Activated carbon fiber derived from the seed hair fibers of metaplexis japonica : Novel efficient adsorbent for methylene blue [J]. Industrial Crops and Products, 2020, 148: 112319.

［174］HUANG Y, MA E, ZHAO G. Thermal and structure analysis on reaction mechanisms during the preparation of activated carbon fibers by KOH activation from liquefied wood-based fibers ［J］. Industrial Crops and Products, 2015, 69: 447-455.

［175］LI D, MA X. Effect of activation technology on wooden activated carbon fiber structure and iodine adsorption property ［J］. Joural of Functional Materials, 2013, 44（17）: 2565-2569.

［176］YANG S, LI L, XIAO T, et al. Role of surface chemistry in modified ACF（activated carbon fiber）-catalyzed peroxymonosulfate oxidation ［J］. Applied Surface Science, 2016, 383: 142-150.

［177］GIANNAKOUDAKIS D A, KYZAS G Z, AVRANAS A, et al. Multi-parametric adsorption effects of the reactive dye removal with commercial activated carbons ［J］. Journal of Molecular Liquids, 2016, 213: 381-389.

［178］SETOYAMA N, SUZUKI T, KANEKO K. Simulation study on the relationship between a high resolution splot and the pore size distribution for activated carbon ［J］. Carbon, 1998, 36（10）: 1459-1467.

［179］YUAN B, WU X, CHEN Y, et al. Adsorptive separation studies of ethane-methane and methane-nitrogen systems using mesoporous carbon. ［J］. J Colloid Interface Sci, 2013, 394（1）: 445-450.

［180］左宋林. 磷酸活化法制备活性炭综述（Ⅰ）: 磷酸的作用机理 ［J］. 林产化学与工业, 2017, 37（3）: 1-9.

［181］YORGUN S, YILDEZ D. Preparation and characterization of activated carbons from Paulownia wood by chemical activation with H_3PO_4 ［J］. Journal of the Taiwan Institute of Chemical Engineers, 2015, 53: 122-131.

［182］OLIVARES-MARÍN M, FERNÁNDEZ-GONZÁLEZ C, MACÍAS-GARCÍA A, et al. Thermal behaviour of lignocellulosic material in the presence of phosphoric acid : Influence of the acid content in the initial solution [J]. Carbon, 2006, 44 (11): 2347-2350.

[183] HAZZAA R, HUSSEIN M. Adsorption of cationic dye from aqueous solution onto activated carbon prepared from olive stones [J]. Environmental Technology & Innovation, 2015, 4: 36-51.

[184] ZOU X. Combination of ozonation, activated carbon, and biological aerated filter for advanced treatment of dyeing wastewater for reuse [J]. Environmental Science and Pollution Research, 2015, 22 (11): 8174-8181.

[185] LI W, MU B, YANG Y. Feasibility of industrial-scale treatment of dye wastewater via bio-adsorption technology [J]. Bioresource Technology, 2019, 277: 157-170.

[186] LI X. Application of advanced oxidation in dye wastewater treatment [J]. Chemical Industry & Engineering Progress, 2012, (S2): 219-222.

[187] ZENG G, YE Z, HE Y, et al. Application of dopamine-modified halloysite nanotubes/PVDF blend membranes for direct dyes removal from wastewater [J]. Chemical Engineering Journal, 2017, 323: 572-583.

[188] BRILLAS E, MARTINEZ-HUITLE C A. Decontamination of wastewaters containing synthetic organic dyes by electrochemical methods : An updated review [J]. Applied Catalysis B : Environmental, 2015, 166: 603-643.

[189] HE Y, ZHANG L, FAN M, et al. Z-scheme SnO_2-x/g-C_3N_4 composite as an efficient photocatalyst for dye degradation and photocatalytic CO_2 reduction [J]. Solar Energy Materials and Solar Cells, 2015, 137: 175-184.

[190] 杨志远, 刘晓霞, 徐玉林, 等. $H_6P_2W_{18}O_{62}$/TiO_2-SiO_2 光催化降解

有机染料［J］. 精细化工, 2015, 32（5）: 10-18.

［191］贾艳萍, 姜成, 郭泽辉, 等. 印染废水深度处理及回用研究进展
［J］. 纺织学报, 2017, 38（8）: 172-180.

［192］RAFATULLAH M, SULAIMAN O, HASHIM R, et al. Adsorption
of methylene blue on low-cost adsorbents: A review［J］. Journal of
Hazardous Materials, 2010, 177（1/2/3）: 70-80.

［193］JIANG N, CHEN J Y, PARIKH D V. Acoustical evaluation of
carbonized and activated cotton nonwovens［J］. Bioresource
Technology, 2009, 100（24）: 6533-6536.

［194］李海红, 杨佩, 薛慧, 等. KOH 活化法制备废旧棉织物活性炭及
表征［J］. 精细化工, 2018, 35（1）: 180-186.

［195］ZUO Q, ZHANG Y, ZHENG H, et al. A facile method to modify
activated carbon fibers for drinking water purification［J］. Chemical
Engineering Journal, 2019, 365: 175-182.

［196］LI Z, WANG G, ZHAI K, et al. Methylene blue adsorption from
aqueous solution by loofah sponge-based porous carbons［J］. Colloids
and Surfaces A: Physicochemical and Engineering Aspects, 2018,
538: 28-35.

［197］王邓峰, 王宗乾, 应丽丽, 等. 萝藦绒活性炭纤维制备及对亚甲基
蓝的吸附性能［J］. 精细化工, 2020, 37（4）: 800-807.

［198］张桂兰, 鲍咏泽, 苗雅文. 沙柳活性炭对亚甲基蓝的吸附动力学
和吸附等温线研究［J］. 林产化学与工业, 2014, 000（6）: 129-
134.

［199］蒋柏泉, 曾芳, 曾庆芳, 等. 废椰壳制备活性炭负载 CuO 处理活
性艳红 X-3B 废水的工艺优化［J］. 环境工程学报, 2013, 7（9）:
3283-3288.

［200］SILCVA T L, CAZETTA A L, SOUZA P S C, et al. Mesoporous
activated carbon fibers synthesized from denim fabric waste: Efficient

adsorbents for removal of textile dye from aqueous solutions [J]. Journal of Cleaner Production, 2018, 171: 482-490.

[201] DENG H, LU J, LI G, et al. Adsorption of methylene blue on adsorbent materials produced from cotton stalk [J]. Chemical Engineering Journal, 2011, 172 (1): 326-334.

[202] FOO K Y, HAMEED B H. Microwave-assisted preparation of oil palm fiber activated carbon for methylene blue adsorption [J]. Chemical Engineering Journal, 2011, 166 (2): 792-795.

[203] CHANG M Y, JUANG R S. Adsorption of tannic acid, humic acid, and dyes from water using the composite of chitosan and activated clay [J]. Journal of Colloid and Interface Science, 2004, 278 (1): 18-25.

[204] SUN Z, YU Y, PANG S, et al. Manganese-modified activated carbon fiber (Mn-ACF): Novel efficient adsorbent for Arsenic [J]. Applied Surface Science, 2013, 284: 100-106.

[205] HAMEED B H. Equilibrium and kinetic studies of methyl violet sorption by agricultural waste [J]. Journal of Hazardous Materials, 2008, 154 (1-3): 204-212.

[206] KONG J, YUE Q, HUANG L, et al. Preparation, characterization and evaluation of adsorptive properties of leatherwaste based activated carbon via physical and chemical activation [J]. Chemical Engineering Journal, 2013, 221 (2): 62-71.

[207] LIU Y. Is the free energy change of adsorption correctly calculated? [J]. Journal of Chemical & Engineering Data, 2009, 54 (7): 1981-1985.

[208] JIA Z, LI Z, NI T, et al. Adsorption of low-cost absorption materials based on biomass (Cortaderia selloana flower spikes) for dye removal: Kinetics, isotherms and thermodynamic studies [J]. Journal of Molecular Liquids, 2017, 229: 285-292.

［209］WIBOWO E, ROKHMAT M, ABDULLAH M. Reduction of seawater salinity by natural zeolite (Clinoptilolite): Adsorption isotherms, thermodynamics and kinetics［J］. Desalination, 2017, 409: 146–156.

［210］LIU J, WAN L, ZHANG L, et al. Effect of pH, ionic strength, and temperature on the phosphate adsorption onto lanthanum–doped activated carbon fiber［J］. Journal of Colloid and Interface Science, 2011, 364 (2): 490–496.

［211］FU J, CHEN Z, WANG M, et al. Adsorption of methylene blue by a high–efficiency adsorbent (polydopamine microspheres): Kinetics, isotherm, thermodynamics and mechanism analysis［J］. Chemical Engineering Journal, 2015, 259: 53–61.

［212］PATHANIA D, SHARMA S, SINGH P. Removal of methylene blue by adsorption onto activated carbon developed from Ficus carica bast［J］. Arabian Journal of Chemistry, 2017, 10: 1445–1451.

［213］EI SIKAILY A, KHALED A, NEMR A E, et al. Removal of methylene blue from aqueous solution by marine green alga Ulva lactuca ［J］. Chemistry and Ecology, 2006, 22 (2): 149–157.

［214］BULUT Y, AYDIN H. A kinetics and thermodynamics study of methylene blue adsorption on wheat shells［J］. Desalination, 2006, 194 (1–3): 259–267.

［215］DEMIR H, TOP A, BALKÖSE D, et al. Dye adsorption behavior of Luffa cylindrica fibers［J］. Journal of Hazardous Materials, 2008, 153 (1–2): 389–394.

［216］VILAR V J P, BOTELHO C M S, BOAVENTURA R A R. Methylene blue adsorption by algal biomass based materials : Biosorbents characterization and process behaviour［J］. Journal of Hazardous Materials, 2007, 147 (1–2): 120–132.

［217］ REDDY P M K, VERMA P, SUBRAHMANYAM C. Bio-waste derived adsorbent material for methylene blue adsorption ［J］. Journal of the Taiwan Institute of Chemical Engineers, 2016, 58: 500-508.

［218］ MA X, ZHANG F, ZHU J, et al. Preparation of highly developed mesoporous activated carbon fiber from liquefied wood using wood charcoal as additive and its adsorption of methylene blue from solution ［J］. Bioresource Technology, 2014, 164: 1-6.

［219］ ALTINTIG E, ALTUNDAG H, TUZEN M, et al. Effective removal of methylene blue from aqueous solutions using magnetic loaded activated carbon as novel adsorbent ［J］. Chemical Engineering Research and Design, 2017, 122: 151-163.

［220］ JAWAD A H, SABAR S, ISHAK M A M, et al. Microwave-assisted preparation of mesoporous-activated carbon from coconut (Cocos nucifera) leaf by H_3PO_4 activation for methylene blue adsorption ［J］. Chemical Engineering Communications, 2017, 204 (10): 1143-1156.

［221］ CHIU K L, NG D H L. Synthesis and characterization of cotton-made activated carbon fiber and its adsorption of methylene blue in water treatment ［J］. Biomass and Bioenergy, 2012, 46: 102-110.